高效的科学交流

善于表达的科学家是怎样练成的？

【英】 萨姆·伊林沃思（Sam Illingworth）
格兰特·艾伦（Grant Allen） | 著

梁培基 等 译

上海交通大学出版社
SHANGHAI JIAO TONG UNIVERSITY PRESS

内容提要

高效的科学交流,对于每一位科学工作者来说都是非常重要的技能。本书共9章,内容涉及科学交流的多个方面,包括学术论文撰写、基金项目申请、与同行进行学术交流、面向大众和媒体的科普工作,以及利用网络和数字化平台进行科学交流等。作者根据自身的丰富经验,通过许多生动的案例将自己在各个方面的成功经验和失败教训都传授给读者,帮助读者深入理解。本书将帮助科学工作者,尤其是刚入行的青年科研人员快速提高沟通与表达能力,助力他们早日成为一位善于表达的优秀科学家。

图书在版编目(CIP)数据

高效的科学交流: 善于表达的科学家是怎样练成的? / (英) 萨姆·伊林沃思 (Sam Illingworth) , (英)
格兰特·艾伦 (Grant Allen) 著; 梁培基等译. —上
海: 上海交通大学出版社,2019 (2020重印)
ISBN 978-7-313-21356-3

Ⅰ.①高… Ⅱ.①萨…②格…③梁… Ⅲ.①科研人
员—学术交流 Ⅳ.①G321.5

中国版本图书馆CIP数据核字(2019)第105341号

高效的科学交流——善于表达的科学家是怎样练成的?

著　者: [英] 萨姆·伊林沃思 (Sam Illingworth)　　译　者: 梁培基　等
　　　　[英] 格兰特·艾伦 (Grant Allen)

出版发行: 上海交通大学出版社　　　　　地　　址: 上海市番禺路951号
邮政编码: 200030　　　　　　　　　　电　　话: 021-64071208
印　　制: 上海锦佳印刷有限公司　　　　经　　销: 全国新华书店
开　　本: 710mm×1000mm　1/16　　　印　　张: 11
字　　数: 163千字
版　　次: 2019年6月第1版　　　　　　印　　次: 2020年3月第2次印刷
书　　号: ISBN 978-7-313-21356-3
定　　价: 58.00元

版权所有　侵权必究
告读者: 如发现本书有印装质量问题请与印刷厂质量科联系
联系电话: 021-56401314

中文版序一

首先，我很高兴看到本书的出版。这对于年轻的科研工作者，特别是刚进入独立研究阶段的研究人员会大有帮助。作者从一名科学家应具备的传播科学知识的责任开始，阐述了如何增强这种能力的各个方面，包括在学术刊物成功发表研究成果，有效申请基金，成为有影响力的演讲者，并向公众推广，进行科普教育等。根据自身的丰富经验，作者通过许多生动案例，传授了有效方法，帮助读者深入理解，以便日后灵活应用。

其次，我也希望借此机会感谢上海交通大学生物医学工程学院梁培基教授，以及她带领的一支年轻教师团队，为这本译著所付出的辛勤劳动。这充分体现了他们对于研究型人才培养的倾心倾力。相信这本书将成为一本很受欢迎的参考读物。

最后，特别感谢John B Troy教授（美国西北大学生物医学工程系前系主任）。他一直热心于推动上海交通大学与美国西北大学生物医学工程学科之间的合作交流。在其任职期间共建了双硕士、双博士学位人才培养项目，并为上海交通大学生物医学工程专业的研究生讲授"科技英语写作与交流"课程，受到学生的广泛欢迎。目前，这门课程在学校研究生院的大力支持下已向生农医药领域的研究生全面开放，几百名学生反响热烈，深感受益匪浅。

衷心希望这本译著的问世，能为年轻的研究人员，包括研究生和青年教师，提供有效的指南，推动大学的研究工作发展。临近年末，展望新的一年，充满更多的期待。

徐学敏

上海交通大学党委常委，副校长

2018年12月20日

中文版序二

　　这本书有望助力于许多年轻的中国科学家在成功的研究生涯上起步，而这项任务并不轻松。本书涵盖了多方面的内容，包括如何撰写科学论文，如何应对评审过程，如何选择最佳期刊，如何准备基金申请，如何进行论文审稿和基金评审，如何提高学术声誉，如何准备并实施一个精彩的演讲以及组织素材制作一份出色的墙报等。本书非常实用，每个章节都提供了若干练习，通过这些练习，可以增强读者对相应内容的理解。如果读者对更广泛的背景知识有兴趣，本书还提供了一些其他的信息来源。

　　除了上面提到的这些科学家和研究人员都会面临的问题，本书还专门设置一个章节来介绍如何向更广泛的社群（包括儿童）解释科研工作，内容包括如何面向不具备专业知识或年轻的听众准备让他们更易理解且富有生趣的演讲，如何开展面向儿童的活动所需要的保险等事项。本书还提醒读者，有些司法条例要求所有接触学童的人都必须接受背景调查，并建议你在与学童进行交流时，应有另一个可以负责任的成年人、监护人或教师在场，目的在于他们可以证明活动过程中你的行为始终是合乎规范的。书中还提供了一个清单，供你组织相关活动时参考。这个清单非常全面，甚至包括了人们可能会忽视的项目，如针对火灾或医疗紧急情况的准备等。

　　本书部分章节介绍了科学家如何与大众媒体交流以及如何使用社交媒体。尽管这些部分很有用，但打算进入这些领域的年轻科学家最好将本书中提供的材料只看作是一个参考。很少有科学家能很好地适应媒体的聚光灯，不要低估了科学家想要在这个方面取得卓越成就所需的能力和训练。本书最后的几个章节涵盖了不同的主题，包括向政府机构提供专家咨询、人际网络的建立、科学伦理以及职业指导等。

虽然这本书为有抱负的年轻科学家磨炼自身的技能提供了极好的建议,但每个读者都可能发现其中的某些建议对自己并不适用。这个并不奇怪。对于任何职业来说,培养质疑能力都是成长的一部分,包括针对别人提供的建议提出质疑。没有哪一条成功之路是适合所有人的,尽管所有的读者都会从这本书中读到很多有价值的内容,但在某些情况下,作者所建议的路径可能和你所希望或需要的并不一致。然而,纵然你可能认为书中的个别建议并非最佳,你也应该对其加以仔细考虑,因为可以确信的是,这些建议多少还是会对你有所帮助的。

John B Troy

美国西北大学生物医学工程学教授

2018 年 12 月 21 日

原著序

　　这本书的构想来自我们自身的思考以及我们在一些学术会议上与遇到的年轻科学家进行讨论的结果。讨论的内容涉及如何高效地进行沟通交流，也涉及在充满挑战的学术界立足所可能遇到的困难。良好的沟通能力对于任何学者来说都是至关重要的，尤其对于生活在快节奏下的当代科学家而言更为重要。本书是这些讨论中的精华，它是从我们自己作为科学家，特别是在作为博士后研究人员和学术新人的成长岁月中积累的各种经验中提炼出来的。作为知名大学的资深学者，我们很荣幸能有机会开展科学研究、撰写经费申请、从事本科和研究生教学，并将我们的专业知识传达给各种非专业的群体，覆盖面下至年仅5岁的学童，上至议会议员。我们发表论文，同时获得资助，并出现在广播和电视节目上。然而我们也遇到过文章被拒、基金申请未获批准的窘境，也曾面临来自媒体的棘手问题。就像生活中所有的事情一样，做学问也应该顺其自然，且学且做、尽力而为。我们将所有这些成功的经验和失败的教训写进这本书里，我们相信，这本书就如何高效地进行沟通交流以及如何成为一个有成就的科学家这一问题进行了很好的概括与总结。

　　我们都有大气物理学的专业背景，但是和大多数现代科学家一样，我们也有在其他领域从事研究的经验，从天体物理学和微生物学到教育学和社会科学。因此，尽管本书中给出的一些例子是基于我们最近在环境科学方面的工作，但是我们提供的这些例子，无论对哪个学科的科学家而言都具有启示意义。当一名科学家并不容易，正如你可以从本书所涵盖的主题中所能看到的，如果你想在这种环境中茁壮成长，除了具备很强的研究能力之外，你还必须具备许多其他的技能。

我们希望你会喜欢这本书，并且希望它能在你开始作为一名科学家以及你今后的科研生涯中成为你的向导和伴侣。

原著致谢

  这本书是我们经过两年辛勤工作的结果，此外还有许多人与我们讨论或者把他们的经验提供给我们，他们也对本书直接或间接地做出了贡献。我们要感谢曾经听过我们讲课和演讲，或忍受过我们"海侃神聊"的每一个人。感谢我们从事科学事业的同事，感谢他们的创新、灵感和汗水，这些对本书的构想形成是必需的。

  同时也感谢我们的学生以及我们在欧洲地球科学联盟会议上遇到的同行，他们在我们撰写本书的过程中提供了反馈和见解，这里特别感谢Farrukh Mehmood Shahid，Alexander Garrow和Jack Richard Varley的帮助。

  我们还要感谢Leigh Jenkins和IOP出版社的团队在这本书出版过程中的帮助。非常感谢Paul Dickens为全书绘制精彩的卡通插图，这些插图有助于我们阐明自己提出的一些观点。最后还必须特别感谢两位匿名审稿人，他们的意见和建设性的批评有助于这本书的完善，确保了其信息的一致性和有效性。

前言

　　科学交流，包括论文写作、基金申请、演讲、科普工作等，对于科学工作者而言都是非常重要的技能。但是这些技能的学习和建立，常常是在实践中边做边学、慢慢琢磨、逐渐积累起来的。目前对于我国广大的高校学生及青年科研人员来说，在科学交流这方面的教与学的过程仍然缺乏系统性。针对这种现象，上海交通大学自2015年起尝试开设"科技英语写作与交流"课程，授课对象主要为一年级的博士研究生。令人欣慰的是，这门课程一经开设就受到师生的好评与赞扬。经过这几年的教学积累，这门课程的授课老师共同总结出了一些有用的经验，同时经过大家讨论，决定将英国IOP出版公司于2016年出版的 *Effective Science Communication: A practical guide to surviving as a scientist* 引进并翻译成这本中文版图书，希望本书不仅能成为今后该课程的教学参考用书，还能成为一本能够为更多青年科研人员和其他需要增强这方面技能的人群提供帮助与指导的实用手册。

　　本书篇幅虽然不大，却包含了科学交流的方方面面。每章各涉及一个相对独立的主题，但相互之间又不无联系。第1章绪论阐明了科学交流（包括面向同行、面向公众和面向政策制定者）的必要性。第2、3章都涉及书面表达，重点分别在于研究论文的写作和基金申请书的撰写。科技论文写作对于博士研究生或博士后研究人员来说，是一项非常重要的基本技能。第2章从论文的撰写、投稿、审稿、修改、发表，到论文的引用及影响等各个方面，都做了详细的介绍。从要则，到细节和技巧，甚至到职业道德和操守，这些内容都有涉及。第3章立足于基金申请，针对格式化标书的各个部分的构成和撰写要点,本书都给出了非常详细的介绍。基金申请的撰写和论文的写作一样,都需要顾及读者的心理与状态,从读者的角度出发去想事情是很重要的。第3章的内容还包括一些相关基金会的介绍,本书译者则针对国内的具体情况,根据自身的经验提供了译者注及相应的网址供读者参考。

第4~6章的内容都涉及语言表达。作为科研工作者,将自己的研究内容与同行进行交流至关重要。第4章的内容着重于此,不仅包括演讲技巧,还有心理调整方面的指导。第5和第6章分别涉及科普工作和面向大众传媒的科学传播。这两方面对科研工作者而言都是比较薄弱的。本书不仅提供了作者在这些方面的宝贵经验,还有一些失败的教训。

第7章的内容关于网络平台和数字足迹,书中所介绍的部分内容可能在国内尚未普及,但是考虑到本书的读者可能作为研究生在今后会有出国深造或合作研究的机会,译者对这些国际上比较常用的网络平台也同样做了完整的翻译。第8章的内容关于科学对政策的影响,这个其实是科学可以发挥其作用的非常重要的途径。第9章则涉及自我管理、社交技巧、职业规划等方面。

大家在以往的实践中可能对书中所涉及的很多方面都有所耳闻或有所接触,这本书对这些内容都做了很好的总结,并且梳理有序,易于读者理解和接受,书中的关键点也很有启发意义。每一章中间都配有相关练习、章节最后还有后续学习。书中还有一些实用的情景和实用的建议,这些内容对科技工作者来说也都非常重要。

本书由多位年富力强的骨干教师共同翻译出版。每个人都有着各自不同的求学和成长经历,也都曾指导过一些在沟通交流方面感到困惑的学生,这些都让他们对青年科研人员初入行时可能遇到的困难有深刻的体会。大家在"科技英语写作与交流"课程教学过程中也对这本书有相当程度的认可,在2018年夏季课程结束之后,大家齐心协力在很短的时间内完成了本书的翻译。梁培基、牛宇戈、陈垚和林关宁分别承担了第1、2、3、4章的翻译;第5章由经莉莉和刘晨光翻译;周越、蔡宗远、徐岷涓和黄秋分别翻译了第6、7、8、9章;梁培基负责全书的审校和统稿工作。由于文化和体系的差异,书中提到的部分例子,和国内的情形并不一定能完全匹配,或者有些内容不易理解,这些都会影响到翻译的准确性。美国西北大学的 John B Troy 教授在这些方面提供了实质性的帮助，避免由于理解不到位而产生的翻译错误。上海交通大学研究生院的全方位支持与上海交通大学出版社编辑团队优质高效的工作，都为本书的出版提供了很好的保障。

需要说明的是，书中列举的部分参考读物与部分应用软件，目前在国内未必都能找到，这虽然有些遗憾，但本书译者希望读者在阅读本书时始终将关注的重点放在其想要传递的理念和逻辑思维上，而不要太过于在乎如何使用某一具体的工具/平台。

最后，衷心希望本书能够提高广大青年科研人员的沟通表达及写作能力，为他们提供指导与参考，助力他们在科研路上快速成长，早日成为一位优秀的科学家。

目 录

第1章 绪论 / 001

1.1 引言 / 001

1.2 传播知识：从古希腊到现代 / 003

1.3 如何使用本书 / 004

1.4 小结 / 005

第2章 在学术刊物上发表成果 / 008

2.1 引言 / 008

2.2 挖掘你的价值点 / 009

2.3 选择期刊 / 012

2.4 写作和稿件准备 / 015

2.5 同行评审过程 / 016

2.6 提供审稿服务 / 020

2.7 引用和评价——获得认可 / 021

2.8 小结 / 024

第3章 基金申请 / 027

3.1 引言 / 027

3.2 好的科学问题 / 029

3.3 资助机构和项目征集 / 033

3.4 基金申请书包括的内容 / 035

3.5 项目预算 / 040

3.6 基金申请过程与同行评审 / 041

3.7 小结 / 046

第 4 章 演讲 / 049

4.1 引言 / 049

4.2 三向法 / 050

4.3 应对紧张情绪 / 056

4.4 修辞 / 058

4.5 利用工具 / 059

4.6 掌握时间 / 061

4.7 回答问题（与提问）/ 062

4.8 墙报设计及规范 / 064

4.9 小结 / 066

第 5 章 科普推广和公众参与 / 071

5.1 引言 / 071

5.2 术语 / 073

5.3 从事少儿工作 / 074

5.4 普通民众 / 080

5.5 公众科学 / 083

5.6 经费来源 / 084

5.7 宣传 / 085

5.8 项目评价 / 086

5.9 培训 / 089

5.10 科普推广项目清单 / 090

5.11 小结 / 092

第 6 章　和大众传媒打交道 / 096

6.1　引言 / 096

6.2　与媒体接触的目的、时机以及技巧 / 097

6.3　新闻发布会 / 099

6.4　构建针对媒体的叙事方式 / 101

6.5　电视和电台采访 / 104

6.6　小结 / 108

第 7 章　建立线上个人形象 / 111

7.1　引言 / 111

7.2　博客 / 112

7.3　播客 / 115

7.4　社交媒体平台 / 117

7.5　推特 / 117

7.6　脸书 / 120

7.7　领英 / 121

7.8　YouTube / 123

7.9　研究之门 / 124

7.10　其他 / 124

7.11　数字合作 / 125

7.12　小结 / 126

第 8 章　科学与政策 / 131

8.1　引言 / 131

8.2　科学如何影响政策 / 132

8.3　我们能够做些什么来影响政策 / 135

8.4　小结 / 137

第 9 章　其他基本研究技巧 / 141

9.1　引言 / 141

9.2　时间管理 / 142

9.3　建立人脉网络 / 144

9.4　团队合作 / 146

9.5　客观反思 / 147

9.6　职业指导 / 148

9.7　职业规划 / 149

9.8　开放科学 / 151

9.9　学术诚信 / 153

9.10　小结 / 154

| 第 1 章 |

绪　　论

作为科学家，我们的任务是与他人交流经验和想法。

——尼尔斯·玻尔（Niels Bohr）

1.1　引　　言

作为科学家，我们获得的技能和技术方面的训练使我们能够实施一系列极其复杂的任务，例如超光速粒子的检测，人类基因组图谱的绘制等。但是，如何就我们所从事的科学研究进行有效的交流？我们当中很少有人受过这方面的训练，甚至没有人告诉过我们这种交流的重要性。身处科学界，对于学术交流，我们深知"不出版，则消亡"的生存法则。但与之相对立的是，一些科学家仍将与同行进行学术交流视为畏途，另一些科学家则认为与公众交流更加"难以上青天"。然而现实是，为了成为一位成功的科学家，我们必须具备利用各种不同的媒体与各式各样的受众进行有效沟通的能力。

那么问题来了，我们为什么要费心与不同的受众交流我们的研究呢？我们为什么不能只是安安静静地独自进行研究呢？答案有 3 个：因为我们必须这样做，我们应该这样做，我们想要这样做。

科学家并不是生活在真空中的，我们所做的研究常常通过不同的途径公之于众。我们最基本的一项责任就是要对那些提供资金帮助我们开始科学研究的人们"有所交代"。这些资金通常来自大型政府机构，而这些机构则以税收的形式从公众手中获取资金。科学家应该更好地与向我们提供资助的社会大众进行科学交流，这不是什么新的观点，但依然不失正确。不仅如此，随着资助机构需要处理的基金申请越来越多，人们也希望明确地知道，科学研究受到社会资助、最终又是如何反过来对社会产生影响的。因此，进行科学传播是科学家工作职责的一部分——无论对象是基金评审小组，还是对我们正在进行的研究感兴趣的社会公众或记者。我们进行科学交流是因为我们必须这样做。

此外，我们基于自己的研究进行科学交流也是一份专业职责。有一种利他的观点认为，由于科学家是社会的一部分，因此我们有义务与公众就科学研究进行交流，为社会做贡献。科学可以成为一种强大的力量，虽然许多人由于并不完全认同这一点。我们非常荣幸能够从事科学研究，并对所处的世界形成更多的理解，因此，我们有义务向那些不如我们幸运的人们传授知识，并介绍对知识形成理解的过程。说到底，科学研究就是提出问题，如果我们能够帮助周围的人们对他们所处的世界有效地提出问题，那么就能更好地赋予他们应对周围的许多不公正和不平等事件的能力。我们进行科学交流是因为我们应该这样做。

最后，我们进行科学交流是因为我们想要这样做。任何一位科学家都会在自己做出一项新的科学发现，或者在持续了几个月的实验终于得到结果的时候感到兴奋。自己独享知识和发现的确很寂寞，有时候只有与人分

练习：你想提高哪些方面？

简单列出你为成为一位更有效的沟通者而所需提高的3个方面。这些目标需要符合SMART原则，即具体的（specific）、可测量的（measurable）、可实现的（achievable）、相关的（relevant）和有时限的（time-bound）。例如，"多写论文"不是一个明智的（SMART）目标，而"到今年年底，以作者或共同作者的身份，在高影响力的期刊上发表两篇论文"就是一个不错的目标。

现在，围绕每个目标查阅本书中的相关章节，依次完成它们，然后重新评估你的目标，使它们更加现实。不过，也许你是那种习惯从头到尾按页码顺序阅读的人，那么现在就把3个目标记下来，并在阅读中不时重新评估它们。或者，这一次不妨试试打破惯例……

享，我们才能真正体会到成就感。传播科学是21世纪的科学家的重要工作之一，同时也是可以并且应当乐在其中的事情。

1.2　传播知识：从古希腊到现代

本书旨在为科学家如何进行有效的沟通提供实践指南，因此书中的介绍并没有把重点放在特定学科的科学传播上。不过，这里还是有必要用几个段落来讲一讲"科学传播"这个术语的历史意义，以及它在过去几十年中是如何发展的。

"科学（science）"一词来源于拉丁语"scientia"，其原意为"知识"。因此，科学传播就是有效地传播知识。从最基本的层面上来讲，科学传播可以被认为是"知者"把自己掌握的信息告诉"无知者"。在古希腊，这种知识的传授是通过公众辩论来完成的，人们在辩论中获得知识和思想。这种知识和探究的民主化最终导致了实验的诞生，并由此推动了哲学和科学的进步。

可悲的是，在西欧，黑暗时代的到来很快终结了这段科学启蒙时期。在那个时代，知识通过书面文字传递，只能被少数特权群体所独享。大众要么由于文化程度不高而无法进行知识处理，要么由于买不起昂贵的手抄本和手稿，而阻碍他们学习任何有科学价值的知识。

令人欣慰的是，Johannes Gutenberg在1456年发明的印刷机最终使文字印刷变得更加容易，这意味着从那时起知识更易于被传播。虽然印刷机也引发了随后的科学革命，但是直到很久以后，科学家才开始意识到他们具有向公众传播知识的责任。

英国科学协会（British Science Association, BSA）[1]成立于19世纪初，主要为了解决当时在英国，科学在某种程度上没有受到重视的问题。BSA的第一次会议于1831年9月26日在约克（York）举行。会上宣布，该协会的目标之一是"促进国民对科学更大程度的关注"。该协会从那时起每年都举办年会，同时还鼓励在其他国家建立类似的、能够促进科学进步的协会。最令人难忘的是在1860年举行的"牛津会议"，会上英国生物学家Thomas Huxley与当时的牛津主教Samuel Wilberforce就"达尔文主

"我们燃起这么多的火焰，他们为什么还要说这是黑暗时代？"

"我不知道。但是请帮个忙，再往火里扔一本书，我觉得冷。"

义"进行了辩论。鉴于当时主教的演说技巧以及模糊不清的判断，Huxley在演讲结束时说道，"我并不会因为自己的祖先是一只猴子而感到羞耻，但我不屑与一个用天赋掩盖真相的人交往。"

在近代，英国的科学传播大致经历了3个发展阶段。在第1阶段，科学传播只是以填补公众知识上的空白为目标。第2阶段更倾向于双向对话，即科学家与公众接触，公众也开始对科学实践和政策产生影响。目前英国的科学传播进入了第3阶段，其目标在于在保持这种双向对话的同时，也认识到公众所掌握的知识也会有助于科学发展，因此科学家需要更多、更广泛地向公众传递科学知识。

1.3 如何使用本书

在本章绪论之后，本书还包括后续的8章内容。每章都有一个特定的主题，向大家介绍想要成为一位更高效的科学传播者和更全面发展的科学家所必需的技能。每一章均就其主题展开概述，并就如何对这一方面所需具备的技能进行改进和提高提出许多实用的建议。书中还提供了相应的练习和阅读建议，以便进一步提高你对主题的理解。

　　鉴于本书的内容安排，你可以按页码的自然顺序阅读，也可以选择与你自身目前的状态更为相关的某一章节进行阅读。不管你是一位刚进入科研领域并为之兴奋的本科生，还是一位有着几十年经验的教授，书中都会有一些适合你的内容。从事科学研究是一种有回报且值得享受的经历，而这种回报和享受往往是出乎意料的；但是毫无疑问，它也是一种面临困难和考验的经历。我们希望这本书能成为一本帮助科学家提高有效沟通能力的手册，同时也能成为一本帮助年轻科学家成长的实用指南。

1.4　小　　结

　　作为科学家，我们不仅有责任向更多的大众宣传我们的研究，而且有责任去发现大家真正感兴趣的话题。阅读本书，完成练习，并遵从后续学习的建议，你将成为一位更高效的科学传播者，同时几乎可以肯定地说，你也会成为一位更有能力和更出色的科学工作者。简言之，这是一本非常实用的书，你对其投入越多，你从中取得的收获就越多。用 Winston Churchill 的话说，"释放我们潜力的关键，是持续的努力，而不是力量和智力。"

后续学习

　　本书每一章末尾的"后续学习"可以使你反思你所学到的内容，并通过进一步的阅读和实践来深化和扩展其中的一些想法。

　　本章的后续学习旨在让你更多地思考成为一位高效的科学传播者的重要性，及其对社会其他部分的重要性：

　　（1）查看报纸内容，找一份小报和一份大报（或者访问它们各自的网站）。看看它们给科学故事留出多大空间？再看看它们报道的内容是否完全符合事实？如果你判断出这些报道不属实，那么那些没有像你一样拥有科研训练背景的人们，是否也会得出同样的结论？

（2）看看科学对于非科学工作者来说意味着什么，找一位非科学工作者的家庭成员或朋友，问问他们认为科学是什么。他们能给出定义吗？而你能给出定义吗？他们认为科学家善于沟通吗？如果不是，为什么？

（3）查看一些正在进行的科学交流活动，登录BSA网站的相关页面[2]，找到你所在地区的一些活动。如果这些活动就在附近，那不妨去参与一下，并看看你会怎么想。观察其他科学家的交流方式，是建立你自己的交流风格和技术的极其有效的方法。

阅读建议

The Communication Theory Reader[3]是关于传播理论的一本很好的入门读物；而那些希望更多地了解科学革命的读者，则应该阅读*The Scientific Revolution: A Very Short Introduction*[4]。关于科学传播领域的学术方面的深入阅读，*Science Communication: A Practical Guide for Scientists*[5]是一本极佳的读物；也有许多杂志更详细地探讨这一问题，其中最著名的两个是由SAGE杂志社出版的*Science Communication*[6]和由SISSA Medialab出版的*Journal of Science Communication*[7]。

参考文献

[1] The British Science Association, 2016. https://www.britishscienceassociation.org/.

[2] The British Science Association's Events Page, 2016. https://www.britishscienceassociation.org/Pages/Events/.

[3] Paul C. The communication theory reader[M]. London: Psychology Press, 1996.

[4] Principe L. The scientific revolution: A very short introduction[M]. Oxford: Oxford University Press, 2011.

[5] Bowater L, Kay Y. Science communication: A practical guide for scientists[M].

Oxford: Wiley-Blackwell, 2012.

［6］Science communication［J/OL］. Sage Journals, 2016. http://scx.sagepub.com/home/scx.

［7］Journal of Science communication［J/OL］. SISSA Medialab, 2016. http://jcom.sissa.it/.

| 第 2 章 |
在学术刊物上发表成果

如果说我比别人看得略为远些，那是因为我站在了巨人们的肩膀上。

——伊萨克·牛顿（Isaac Newton）

2.1 引　言

本章就如何发表一篇经同行评审的科技论文提供一些建议，并给出从相关概念到出版事宜的整体框架。基于作为副主编、审稿人和作者的个人经验，我们在本章中提供了一些实用技巧，为读者在常规科学期刊上发表论文提供指导。我们将追溯一篇文章被发表的全过程：从决定投稿，到选择一个合适的目标杂志，再到同行评审，最终到成果发表并被读者阅读。本章包含的建议不仅可以为那些初次写作的作者提供指导，还可以帮助具有一定经验的作者提高他们文章的学术影响力。

撰写并发表经同行评审的学术期刊文章，是科学家和工程师将研究成果在学术界进行传播和交流的主要途径。与那些对大众更有价值的科学传播方式不同，在知名期刊发表经同行评审的成果，体现的是一种严谨的学术认定。这样的成果经得起时间的考验，并且能为人类科学知识体系贡献一份永久的记录。这都有赖于同行评审和编辑过程对投稿成果进行准确和严谨的质量控制，并且他们的建设性批评和独立监督有助于保证成果的科学性和真实性，从而使得最终发表的成果的科学质量得以保证。个人或团队的工作会由熟悉特定领域的独立专家仔细审阅，作者需要根据合理的修改意见进行修改后方可发表。尽管同行评审亦非完美（我们后面还将谈到这个问题），但它确实是目前已知的、最有效的科学评价体系，它确保了问责和审查的顺利实施。由此可见，同行评审实际上是一个互动和改进的过程，评审者和作者作为互动的双方都参与其中。既然已经了解到同行评审是一个建设性的程序，那么当我们再收到针对自己论文的严厉评论时就无须感到焦虑不安了。

向期刊提交论文是一个令人忐忑但又非常愉快和有益的经历。作为科学家，我们有责任发表我们的工作成果，并吸引读者注意，帮助他们从中获得知识。本章开头的引文指出了科学进步的引擎——我们目前所有的知识和教学内容都源于前人发表的成果。我们以彼此的成果为基础，逐步推进自己的工作。我们已发表的学术论文使得我们的工作永远在他人的审视中，随着时间的推移和新知识的出现，我们的研究成果可能会受到争议、得到推敲或改进。在现代科学界，期刊的数量（以及科学家的数量）呈指数增长（当然这有利也有弊，这点我们会在后面讨论），然而投稿的过程和最终结果仍然与以往一样，即记录知识并促使其进步。接下来的内容，我们将探索如何将你的研究成果充分转化为影响力。

2.2　挖掘你的价值点

近期，学术界频频使用"价值点"这个词，它是一个从商业行为衍生而来的术语，实际上它是对科技成果的产业化价值和创新意义的演绎。任何期刊论文都包含或多或少的、有价值的内容。这些价值点是该成果主要的结论，也代表了科学成果的创新内容。它们既可以是基础知识的巨大飞跃，也可以是宇宙及其中的任何事物的特征或发展特点。选择哪个期刊进行投稿，不仅仅取决于研究成果的重要性和所属科学领域（参见第2.3节），而关键在于投稿论文无论其大小都必须包含对知识体系的一些新贡献。这个简单的要求是编辑或审稿人考虑所投论文是否可以接收的第一要点，并会按此要求对提交的论文进行评阅。因此，撰写论文的第一步是确定是否包含有价值的内容。从确定这一步开始，论文的所有内容都将围绕价值点提供明确的证据和讨论，从而使读者相信文章的结论。

根据我曾指导学生和研究人员的经历，以及曾经作为一名学生的经验，我认为判断研究成果是否已经积累到足以发表的程度往往并非易事。但对那些提早规划价值点，尤其是在研究开展前就规划好的人来说，这会容易一些。不过有一种情况，也是我认为最好的一种情况是在科研工作中由出现的一些意想不到的结果而产生新的研究思路。在这种情况下，你应该退后一步，思考并分析已获得的成果，同时通过回答下面这3个问题来决定自己是否应该开始动笔撰写论文：

（1）到目前为止，你所发现的成果是否值得在期刊上发表？

（2）如果是这样，那么迄今为止的工作是否具备了足够的信息、数据或对现象的解释，并形成通顺、切实的论述，从而可以准确地向读者呈现这一研究的进展？

（3）如果是这样，那么这项工作是应该现在就写成一篇论文，还是应该通过进一步开展工作以获得更多的创新点和价值点？

鉴于学科和研究工作的多样性，上述提到的一些要点可能描述得比较模糊，也比较主观。但是有一点毋庸置疑，那就是你需要在研究过程中选择合适的时间来发表你的工作——这是一种技能，更是一种艺术。平庸的论文和真正具有开创性的论文之间的区别其实很简单：一篇好的论文是用一个完整的工作体系来讲述一个清晰而完整的故事，而平庸的论文往往是一有结果就急于发表。不过，为了获得更好的研究成果而延迟发表同样具有风险，这需要合理地调整后续的研究方向和时间安排。如果你觉得有不确定性，那么风险较小的做法就是将足够的成果尽快发表。因此，上面第（3）点强调的是，研究者需要确定在什么时候、什么程度将研究告一段落，做工作总结并发表出来。

同样重要的是，当研究者在发表研究成果时，应当对结果做一个适度的表述。这绝对不是要求保留什么东西，而是要知道如何正确地选择发表的范围。对于新手来说，往往不知道"止于何处"。对于发表文章，需要注意哪些内容是有用的以及哪些内容是冗余的。研究结果往往把研究者不断引向更深一层，但请记住，科学永无止境。因此，对于科研工作者来说，合理规划工作，并将成果以合适的形式发表出来，是一项重要的职业技能。这并不是说你在研究中一旦发掘出一个好的价值点就停止研究脚步，而是说你所发表的论文应该具有相对独立的内容，它的价值点应该包含在你想要发表的论文主题的范围内。所以非常重要的一点就是，适可而止地选择价值点去表述一个主题，而不要把文章写得非常冗长和拖沓。当然，将在同一个主题下的多个价值点拆分开来发表多篇论文，也是非常不可取的。

科研工作者往往会陷入这样一个误区：他们相信论文发表得越多对自己的职业生涯越有好处。在科学界，的确存在这样一个粗略的评判方式，就是科学家发表文章的数量是学术成功的一个标志，这种理解很有可能会引导研究者为了增加文章数量而牺牲质量。实际上，论文的质量和数量都很重要。即使你在低影响力的杂志上发表大量的低质量论文，如果没有人阅读并在他们的工作中引用，那么这一堆缺乏价值点的文章是毫无意义的。现在，评判一个人的学术成就，越来越多地是根据论文的引用次数来评定（参见第2.7节）。高质量的论文通常在更大领域内具有重要且实用的价值点，它会吸引更多的读者，从而获得更多的引用。这样的文章对于科学家的学术履历和声誉来说非常重要。更重要的是，这样的态度才能助力人类科学的发展。

实际上，决定什么时候发表哪些研究成果，需要在研究的数量和质量之间做一个平衡，并需要考虑下一步的研究计划。在研究过程中不断发掘你的潜在价值点是获得这种平衡的有效方法。

练习：发掘你的研究价值点

本练习将帮助你审视自己的研究，并确定哪些方面可以在目前或将来形成研究论文。

（1）如果你目前正在开展一项研究，请列出这项研究（过去或未来）的哪些方面可能对科学领域产生原创性贡献。

（2）请从列表中将这些方面分组，从而形成特定主题。

（3）对于每一个主题，请考虑一下它们是否可以各自很好地形成一篇独立的论文，或者它们是否可以组成一篇大文章中的几个部分。请记住，文章并非越多越好——选择好的主题才是更重要的。

（4）对于每一个主题，请考虑你还需要做些什么来完善它们。如果仍需要更多的工作才能完成，那么其他的主题是否仍然有重要的价值点值得发表呢？

2.3 选 择 期 刊

当你已经决定了要发表独到的观点后，第二步就是选择科技期刊。期刊是以最完整的形式永久记录和传播研究成果的媒介。选择一本期刊犹如选择是在一个大型的多学科会议还是在一个小型的、但领域性强的会议上展示你的工作——两者各有其优缺点，这取决于你研究工作的范围。

科学期刊的数目庞大，并且在不断发展。几乎所有的科学家（和许多非科学家）都听说或阅读过诸如 *Nature* 或 *Science* 之类的出版物。但是只有少数的特定领域的研究人员会定期阅读 *Journal of Waste Management*《废弃物管理》。不同期刊的相对影响力和专业性反映了每种刊物的文章的范围和广度。例如，*Nature* 的读者可能对陆地上的有机废弃物厌氧消除的细节不感兴趣，然而 *Journal of Waste Management* 的读者可能对一篇由温室气体排放而导致全球气候灾难的最新预测感到震惊。每一篇文章都有它对应的领域和目标读者。因此，在选择一本期刊时，关键是要考虑你想发表的文章结论的范围以及这些结论能惠及哪些读者。选择期刊类似于在合适的房间选择最响的音箱来"播放"你的发现。

期刊影响力的度量之一是影响因子（impact factor, IF）。影响因子指在某段时间（通常是两年）内该期刊论文的被引用次数与同一时间段内发表的文章数量的比率。例如，某期刊在 2016 年的 IF 为 5，意味着 2014 年至 2015 年间发表在该期刊的论文在 2016 年平均每篇被 5 篇文章引用。这些信息在学术期刊的主页以及各机构的排行榜上都能搜索到。我们可以认为，期刊的 IF 值越高，则期刊文章的影响力越大。因此，一般而言 IF 代表了该领域期刊的相对重要性。IF 既反映了期刊读者对其关注度，也反映了它所发表的文章的质量。因此，许多高影响因子期刊，如 *Nature* 和 *Science* 只刊登最高质量的文章，这些文章大多涉及社会的热点问题，能够引起广大（甚至包括非科学界）读者的兴趣。这种涉及范围广泛的文章自然更易被其他人引用，而专业期刊中更偏重呈现专业和特定技术的文章则可能较少被引用。总之，你应当尽可能尝试在影响因子高的期刊上发表

文章，以最大限度地发挥影响力，这点是很重要的。但是，期刊的选择可能受到主题范围及其结论深度的限制。无论哪种情况，你所做的选择都应该是为了使文章引起合适读者的注意。

如上所述，文章所发表的期刊的 IF 以及文章本身的引用频率是衡量学术成果成功的标准之一。然而，并不是所有的文章都适合在 IF 最高的期刊上发表。专业技术文章可能更适合读者较少、影响因子较低的专业期刊。换言之，期刊的选择既要考虑 IF，也要考虑其专业范围，同时对于特定兴趣的研究领域，选择更高 IF 的期刊总是最重要的。

最近，随着发展中国家科学发展的脚步不断加快，学术期刊的数量激增，出版单位也越来越多地从科学家缴纳的出版费用中获得利润。同时，数字在线出版时代的到来也降低了传统印刷出版所需的大量成本。我的电子邮箱里经常塞满了来自此类期刊的邮件，邀请我在他们期刊上发表文章。这些新期刊中有些已经发展得非常成功，获得了学术界的认可，影响因子也在迅速提升。但需要注意的是，最近的研究表明，这种运营模式已经日益成熟，并有被滥用的趋势[1-2]。一些最为肆无忌惮的"掠食性"期刊（也有人称之为"水刊"）为获取出版费和利润而不择手段，甚至对同行评审过程只是表面上遵从（或完全绕过）[3]，这牺牲了学术质量和科学严谨性。可惜的是，一些沽名钓誉的科学家，因在经典期刊的同行评审过程中被拒稿或被要求大量修改而感到厌烦，从而选择这些"水刊"以增加自己的发表记录。目前，学术界已开始对此类"水刊"进行甄别并定期更新黑名单[1]，这也意味着学术界正在逐渐解决这个问题。但是，对于那些缺乏经验的人（如从事非学术职业的雇主）来说，未经审查的学术成果仍然可能被认可。在这里，我给出的建议很简单——不要在这种"水刊"上发表文章，并记得检查待投的期刊是否被列入任何黑名单。虽然它们可能会带给你表面上的轻松，但是这是以牺牲你发表文章的质量为代价的，并且还会在学术记录上留下瑕疵。在这些期刊上发表文章就好比购买虚假资格，这在学术界被认为是一种学术不端。读者可在开放学术获取（scholarly open access）网站[4]上找到疑似"水刊"的最新清单。

想要为文章找到真正合适的期刊，首先是找到刊登领域同行文章的期刊，阅读这些期刊的最新几期，以此了解其所接收文章的范围和质量。当你在研究项目开始之前进行文献综述，或者为论文撰写引言和讨论部分时，你自然会对与你的研究领域相关的一系列期刊有所熟悉。列出这些期刊的清单后，可以访问期刊网站，了解期刊的影响因子、目标和研究领域。然后，根据期刊的影响因子、范围和可能的受众来选择一本最适合你的期刊。

此外，你还需考虑该期刊是否具有免费开放获取模式。开放获取（open access, OA）是指一种资助模式。在该模式下，任何可以访问其网站的人都可以免费获得已发表的文章；而在之前的封闭式访问模式之下，个人或机构（或图书馆）可能必须定期支付订阅费用或单篇文章的访问费用[5]。开放获取模式的基础在于作者在出版时支付的出版费用，或者所在研究机构以及其他资助机构提供的资助。最近，研究传播度的提高以及研究成果对更广泛读者的免费开放成为一种趋势，这种趋势意味着开放获取期刊将更为流行。此外，在许多科研经费来自公共资金的国家，亦有为在开放获取期刊上发表文章所设立的经费，以便公众可以自由获取研究的成果。鉴于这种趋势以及开放获取提供的免费获取途径，搜索开放获取期刊也是不错的选择。我们将在第9章进一步讨论开放获取模式以及它的优势。

2.4 写作和稿件准备

本节内容重点介绍在期刊发表文章的准备工作。不过，这里并不提供学术写作的详细建议，因为培养学术写作能力的最佳方式是广泛阅读与自己研究领域相关的文章，吸取其他作者的写作风格及语言经验，并应用在自己的文章之中。这种学习和练习过程需要反复不懈的努力。关于学术写作的优秀范例及详细指导在很多书中都有介绍[6]。

在提交稿件之前，作者应当彻底检查稿件的排版及语法错误，如果有条件的话，最好让排版技术人员或校对人员参与校对。一篇准备充分、内容清晰的文章会赢得审稿人的好感。没有什么比出现一长串的技术性错误（如语法和排版错误）更让审稿人抓狂的了。如果作者在这个本来可以避免的方面有所疏忽，则会让审稿人心情不好，也会导致他们在评价稿件时不那么客观，草草了事。简而言之，排版和语法错误反映出作者的懈怠，并且作者把纠错的责任推给了审稿人和编辑。然而审稿人和编辑根本就不应该无偿地承担这个与科学发现无关的责任，有时候承担这个责任也完全是出于他们的善良。更重要的是，每一位作者都要牢记，如果论文的写作风格太差而影响到文章的可读性，进而影响到整篇文章的清晰度，那么这篇论文就会被审稿者拒绝。对于作者来说，这似乎应该是常识。但遗憾的是，这一点在写作时常被忽视。

作者一旦决定把论文投稿到某个期刊上，通读其投稿指南是很有必要的。这通常可以在期刊主页上的"作者指南"或类似的标签中找到。这个指南通常包含关于提交的文章所应遵从的格式以及关于稿件的规则和建议，并可能详细说明应如何提供合适的图表等。

大多数期刊在最初的评审阶段都可以接受嵌有图表的文档文件（.doc 格式）。作者如果提前按要求准备好了所需格式的材料，则可以节省很多时间，尤其是所有的插图、照片、图表等，因为它们具有严格的科学发表格式要求，例如数据图利用 PostScript 处理、插图使用图像格式等。很多科学分析软件包都能输出多种特定的图像文件格式，有助于作者更有效地在投稿前期将文章整理成能够满足期刊所需要的文件格式,因为在最后的编辑阶段,期刊通常要求文章中的每一个图表都有一个单独的文件。除此之外,文章字数和页数的限制也是每个作者需要注意的地方,尤其是一些采用书信式文章的期刊,它们通常会对此有严格的规定。文章中的图形和配色方案同样值得作者斟酌,因为图形和配色方案会在极大程度上影响审稿人和读者对文章的接受度。Ed Hawkins博士负责的"Climate Lab Book"网站是一个极好的资源[7],它可以指导你如何更好地通过图像来表达基础数据。

最后,在向期刊提交文章之前,请确保所有的共同作者都已阅读并为此初稿提出了建议。此外,如果可以把初稿同时传递给未参与此研究工作的人(可能是你的研究小组中的某个人),这对初稿的修订是很有帮助的,因为他们会以一个新的视角提供一些关于文章可读性的想法。如果所投期刊的语言不是投稿者的第一语言,或者如果写作风格与之前阅读的其他期刊文章的风格不太相称,可以考虑寻求校对服务,或者询问所在的研究机构能否提供校对服务。从长远来看,这种服务产生的费用通常只是出版成本的一小部分,但是却能为作者(以及审稿人)节省大量时间。

2.5　同行评审过程

对于任何一位写第一篇论文的人来说,他们在提交文稿供评审时会感到有些紧张。为此本节将会简要介绍典型的评审过程和应对方法。

对于几乎所有声誉良好的期刊,当作者提交完文稿(通常是在线进行)后,稿件会先被交由一位副主编(associate editor, AE)处理。这位AE对于文章中所涉及的研究领域具有一定(但未必很高)的专业知识水平。或许可以查看所选期刊的AE名单,并基于他们的专业领域,在提交论文时在投稿信函中提出选择AE的建议。但是,AE的指定最终是由期刊工作人员或资深编辑所决定的。AE负责将文章送交同行评审,这个过程将最终决定文章是否适合发表。

在接到待处理的文章时，AE会对文章的主题是否符合期刊的要求以及初稿是否适合发送给审稿人做出初步判断。因此，对于一些学术期刊，在同行评审前即可从AE处获得指导的现象并不罕见。对AE在这个阶段给出的任何建议务必要仔细检查和回复，以使稿件处理流程得以继续。AE随后会选择邀请若干审稿专家对稿件进行审阅。这个过程有时需要花费几周的时间，因为审稿人可能会拒绝邀请，这样AE还需要去寻找其他的解决方案。请切记，期刊同行审议一般是其他研究人员在工作以外时间提供的一项无偿服务。这样可能导致一些期刊很难在短时间内找到合适的审稿人。当然，作者或许可以向AE推荐合适的审稿人。不过，这种选择推荐务请不要带有任何倾向性，最好只推荐那些和你的工作以及所在机构没有关联的审稿专家，因为AE会对任何试图破坏或颠覆同行评审过程的行为非常反感。AE可能会根据你的建议邀请一位或多位审稿人，不过这完全取决于他们自己。

一旦指定了审稿专家（通常是两位或更多），他们可能会花费几周的时间来完成文章的审阅。按照规定，他们会对文章的主题于所投期刊是否适合做出评价，对研究成果的质量和重要性进行判断，并对可能引起质疑或关注的任何技术问题进行讨论。他们还需要对图表的质量进行评判，并列出技术性错误，如错别字和语法问题等。最后，审稿人需要提出稿件录用建议，有时他们还会根据一组评分标准提交评分。作者不一定能看到这个评分或建议，但是请切记，任何审稿人的评价和推荐意见都只是提供给AE的建议，并不能直接决定最终是否录用发表，而文章是否发表通常由AE独立决定。

AE在收到所有的审稿意见后会与作者联系，并告知作者专家对稿件的评审意见和稿件是否发表的决定。很少有文章是不需要进一步修改而直接被录用的。但在多数情况下，AE会将审稿意见返回给作者，并根据他们的想法，提供一些关于稿件后续处理的指导意见。审稿意见可能是因文章内容超出了期刊的范围或质量不高导致无法发表而造成的直接拒稿，也可能是根据审稿人的评审意见提出的修改建议。修改建议通常包括两种，一种是大修，这需要做很多技术性和展示性的工作；另一种是小修，可能需要进一步澄清细节，完善图表制作等。

同行评审

如果你的稿件没有被拒，在收到AE的决定和指导意见后，你将有几周的时间对审稿人的意见进行回复。在你的回复中，请礼貌地对所有审稿人给出的评论表示感谢，简要地总结他们给出的核心观点，之后依次有条理地回复每一条评论。这个逻辑顺序会使AE更容易理解你的回应。

我至今还能回忆起自己在攻读博士学位期间第一次提交论文后收到的评论。长达数页的评论和建议使我怀疑自己的初稿是否足够好。几年之后，我才意识到这些意见和建议是审稿人在百忙之中做出的辛苦工作，是他们在尽心帮助我完善稿件。这些意见和建议可以为我们的工作提供新的视角，这对于身处其中、感到迷茫的人来说是难能可贵的，在很大程度上来讲，这是一个十分有价值和有帮助的过程。不过，你作为原作者也需要对审稿人提出的建议具备一定的判断力，能够辨别哪些评论是准确和有帮助的，哪些可能是错误的。事实上，很多新作者总认为审稿人的观点一定是正确的，而自己总是错误的。但是，你务必坦诚地面对这些评论，针对他们提出的重要观点加以解释，而对可能存在误解的地方也要进行有力的辩护。

最重要的是，你务必要正面回应所有的评论，无论你赞同这些评论和建议，还是想做出解释和辩护。当然，不论什么情况，你需要根据审稿人给出的评论详细说明文章修改的位置及原因，并解释这样的修改如何解决之前提出的问题。请切记，审稿人是针对你的文章客观地给出建议，以便帮助你改善文章的可呈现性和准确度。因此，如果你发现审稿人对文章的某些地方存在误解，请试图找出他们产生误解的原因，并对可能会使未来的读者也产生类似误解的表述或材料加以解释和澄清。

在极少数情况下，你可能收到审稿人做出的毫无意义的评论。这类评论可能采取非常消极的语气，评论缺乏依据，且评论内容也完全和稿件内容无关。这里我的建议是请忽视这些不合理的评论。需要指出的是，对于没有充足理由支持的评论，你完全可以不必理会它。AE 也许已经发现这份审稿意见对决策过程毫无价值，并且已经在选择其他审稿人来提供更为客观的评论。也就是说，你务必要分清与文章相关的、客观的负面意见，以及与论文内容几乎没有关联的评论。换言之，请不要将那些虽然是你不喜欢的、但的确是与你的工作内容相关的审稿意见和那些毫无意义的评论相混淆。你需要对前者做详细的回复，而不需要回复后者。值得庆幸的是，这样的评审非常罕见。但是如果你不幸遇到这种情况，请记住，其他审稿人和 AE 的校验，再加上你的回应，都有助于同行评审过程质量的优化。

在修改稿按 AE 的要求提交之后，文章可能会被发回给原先的审稿人做进一步的审阅，或者可能被认定不需要再进一步审阅而直接发表。AE 通常会根据你对审稿人意见的回应，决定稿件是否需要进一步的审核。决定因素在于你的答复是否令人满意，以及是否对文章进行了适当和必要的修改。有时候，这个过程可能会重复进行多次，直到 AE 认为所有方面的问题都得到了充分解决并且最终可以接受发表。

最后，通常在你提交原始稿件的几个月后，你可能会收到来自 AE 的电子邮件，通知你的论文已被接受，最终将经过格式编辑和排版后出版。对于任何研究人员来说，这都是学术生涯中激动人心的时刻，是值得庆祝的。在这个阶段，可以确信你已经为科学的进步做出了贡献，并且你的工作成果将被记录下来以供后人参考。你已经成了一个"了不起的人"。

2.6　提供审稿服务

　　研究人员可能很快就会受邀审阅相关研究领域的论文。此类邀请是一种荣誉，反映出研究人员在该领域的声望不断提高。它还代表了一种利他的责任，因为所有的研究人员都彼此依赖。如果没有审稿专家和AE为期刊所做的无偿工作，同行评审过程就会陷入停滞。如果没有这个过程，所发表文章的质量和科学上的严谨性将受到不可估量的影响。对于一些时常很忙碌的研究人员来说，他们觉得审稿工作不能体现自己的价值。但是如果没有每个人相互提供的审阅，研究工作的价值最终也会贬值。从我自己的角度来看，我会尽量接受评审邀请，并且我目前评审论文的数量至少是自己发表论文的两倍，以确保我尽了自己的一份力。作为一名科研新手，我无法断言这种批判性地评价他人的工作所能带给你的价值，但是在同样的过程中，如果可以让自己从外部审视自己的工作，它将帮助你更容易地看清自己在叙事过程中的缺陷，从而提高文章的可读性，使其风格更自然地贴合读者的阅读习惯。

　　第一次收到审稿邀请就像第一次发表自己的论文一样令人紧张。因为这个工作责任重大，你需要付出大量的时间和努力。毕竟，你被要求对另一位或一组研究人员花了大量时间所做的工作做出判断。你的评论需要具有客观性、建设性和诚实性。只有当你觉得自己有足够的资格对论文进行评价时，你才能接受这份审稿工作。如果待审文章的工作中包含你不能准确判断的领域，一定要在你的审稿意见中向AE和文章作者做出说明。

　　阅读其他人在网上发表的审稿意见不失为学习撰写审稿意见的一个好方法。许多开放获取的OA期刊都有一个开放的同行评审过程，在这个过程中，审稿意见和作者回应会在一个讨论阶段公开发表。阅读一些针对有争议的文章做出的评价和讨论内容是非常有趣的，其信息量不亚于最终发表的文章。这种公开讨论令人兴奋，也是对现代科学出版方式的一种补充。然而遗憾的是，它也可能（尽管非常罕见）在社交媒体中产生一些消极的方面，比如对作者的匿名恶意攻击等。不过还是要强调，同行评审过程的彼此制约与平衡在几乎所有情况下都占主导地位。此外，对于这种同行评审模式的另一个可能的批评是，它意味着论文的草稿会在同行评审之前在网上预发表。虽然可能许多人会说，这种预发表增加了科学的"噪音"，但它也是确保科学以尽可能开放和负责任的方式进行的一种公平和有效的方式。

练习：撰写同行评审意见

本练习将你置于审稿人的位置，并帮助你从审阅文章或者准备自己的论文的角度进行思考。通过这种方式，你会更加客观地评阅别人的工作和结论，并把自己放在一个局外人的角度来审视自己的文章，从而提高自己的论文写作水平。

1. 选择一篇你想读但之前没有读过的论文（最好是与你目前的研究相关的）。

2. 写一份关于那篇论文的审稿意见，就当是 AE 邀请你做的。你的审稿意见包括如下内容：

（1）概括论文的结论，并表达你对论文的重要性和质量的总体看法。

（2）列出你对文章中尚不够清晰或是你认为可能有错的方面的具体评论，提出具体的问题，就像你在询问作者一样。

（3）列出技术错误，比如拼写错误或语法错误等（这些可能在一篇已发表的文章中不会出现！）。

3. 仔细阅读并推敲你的审稿意见。如果你以作者的身份收到这份意见，你会如何解读？所有的观点都是客观、清晰的吗？你的审稿意见有助于 AE 对该文章是否可以被发表做出明智的决定吗？

2.7 引用和评价——获得认可

在之前的讨论中我们指出，你所发表论文的质量要比数量更为重要。评价你所做研究的质量以及其在科学上的重要性的方式之一就是论文被引用的次数。显然，期刊的选择及其影响因子（IF）会对文章的阅读和引用概率产生主要的影响。然而，也有一些其他方法能够在你的研究领域提升你研究工作的影响力。这些方法涉及你如何向他人推荐你的研究。除了简单地依赖于期刊或者他人在进行文献综述时所做的随机互联网搜索，还有其他许多方法可以用来引起相关研究人员的注意。虽然我认识的一些研究人员仍然会跟踪并逐期阅读他们喜欢的杂志，但越来越多的年轻研究人员却没有时间这样做，而是依靠经过筛选的杂志推送或是通过互联网搜索引擎进行文献检索。考虑到这一点，仍有几种方法可以确保你的文章出现在那些不经常主动浏览传统期刊内容的研究人员的眼前。首先，你要仔细斟酌杂志要求在提交文章时认定的关键词。通常，你可以选择几个关键字或短语来概括论文的主题或研究领域。例如，这些词可能是"温室气体""纳米粒子"或"无人机"。设想一下，当你在进行与这篇文章内容相关的文献综述时，你会选择用哪些关键词来进行搜索，并尝试通过使用这些关键词，看看数据库是否列出了与你的工作相类似的文章。

你也可以通过一些更主动的方式对自己的研究工作进行推荐，比如在会议上展示你最近的研究工作，这也包括在你所提交给会议的摘要中引用你自己的文章。我的一些同事会在他们的邮件署名处列出他们近期的3篇文章。当然，你也可以直接给你认为可能对你的研究工作感兴趣的研究人员发送邮件，以及利用一切你所使用的社交媒体渠道来推荐你的文章，这些总是有用的。其中一些渠道，例如ResearcherID，Scopus，LinkedIn和Google Scholar（这里仅列出了几种），能够列出你所发表的文章，并与相同研究领域的其他同行和研究人员的研究内容一起构建文献网络，这些同行和研究人员会在你发表新成果时自动获得通知。第7章将对其中一些索引服务进行进一步讨论，其中一些服务将跟踪你文章的任何引用信息，并及时告知你。最后，任何官方的或个人网站都应该与你不断变化的研究兴趣和你所发表的文章情况保持同步。

对你文章的被引信息进行跟踪将帮助你了解所在研究领域的发展趋势，并且了解你所发表的哪些论文获得了大家的关注。通过使用之前列出的索引服务，有几个常用的指标可以利用。这些指标通常也用作学术或与科学相关的职称评定标准，因此也常常成为备受争议的话题。在这些指标中，较常用的有 h-指数，或者 i-10 指数。h-指数是一个最常用的指标，它是基于研究人员一组被引用最多的文章以及这些文章在其他出版物中受到的引用次数计算的[8]。这种指数的计算方法如下：一个 h-指数的作者，在他所发表文章的 h 篇中，每篇文章已在其他作者的文章中被引用至少 h 次，如图 2-1 所示。因此，该指数既反映了作者发表文章的数量，也反映了被引的数量。例如，一位作者已发表 20 篇文章，但只有 5 篇文章被引用至少 5 次，其 h-指数为 5；而有 20 篇已发表文章的作者，每篇被引用至少 20 次，则其 h-指数为 20。这个指数有利于那些文章一贯受到很好引用的作者，而不是那些只有 1 篇杰出文章和若干很少被引用文章的作者。需要注意的是，在比较不同学科的研究人员影响力时，由于不同领域发表文章和彼此引用方式的不同，h-指数往往不太具有可比性。然而，h-指数是一种比较同一学科领域内学者影响力的有效方法。确保你的 h-指数持续上升的最有效方法就是发表高质量的文章，并尽可能多地引起同行学者的注意。i-10 指数仅仅是 Google Scholar 这一搜索引擎使用的一个指标，该指标是指作者所发表的被引 10 次或以上的文章的数量。与 h-指数相比，这是一个更简单的指数，但它进一步放大了不同学科领域的差异。

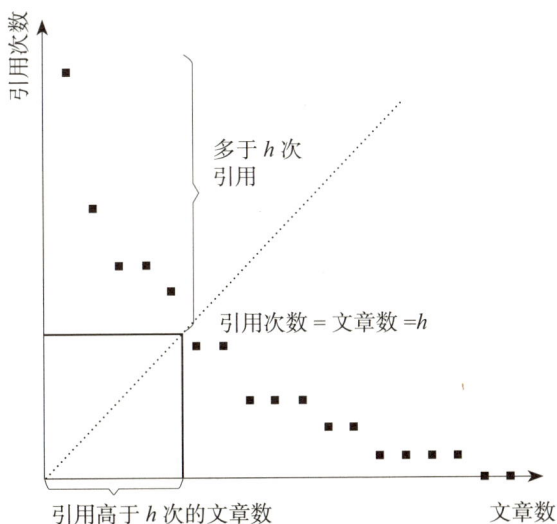

图 2-1 h-指数

此类指标还有多种其他形式，旨在去除学科或者作者年龄等方面的差异，这其中也包含一些难以被大众认可的学术影响力指标[8]。这些指标在不同索引服务之间的变化很大[9]，由于数据不纯或一些假阳性数据的纳入，有些索引服务中所计算的指标并非所有组织都认可。因此，你应该仔细核实你的被引指标是否正确地计算了你发表的所有文章。你也许需要定期删除（或增加）那些被索引服务错误计算的文章或引用情况。

2.8 小　结

本章阐述了将发表论文作为学术记录和交流方式的重要性和必要性。我们简要探讨了向传统学术期刊提交科学论文的大致流程和同行评审环节。我们还提供了一些提示和建议，以最大限度地提高你研究成果的显示度和影响力以及如何避免掉进水刊的陷阱。最后提醒读者的是，积极参与同行评审过程并服务于科学界和发表论文一样重要。

后续学习

本章中的后续学习旨在帮助你进一步思考如何提高自己的论文写作和审稿技能：

1. **阅读你学科以外的文章**：从你所在专业领域之外的知名期刊中挑选一篇科学文章。仔细阅读这篇文章，分析它的结构和布局。这将帮助你更加关注写作风格和结构，而不会把注意力放在文章的实质内容上。考虑一下这篇文章是以创新的方式呈现其研究成果，还是过于冗长且难以理解？其中是否包含任何可以为你所用之处？

2. **跟随一个在线讨论**：从你所在领域内选择一个具有在线和开放式同行评审系统的期刊。从中找出一篇具有大量评论的文章（最好选择一篇对领域内其他研究者具有启发性并引发评议的论文），看看你是否同意这些评论，并思考是所有评论都具有建设性，还是存在不够专业或缺乏客观性的情况？

3. **制定指标**：选择你所在领域的几位非常著名的科学家（健在的或已故的），并列出若干指标来评价他们的发表情况。判断他们表现如何？与其他学科研究人员的同样评价指标相比较，结果如何？

阅读建议

Eloquent Science: A Practical Guide to Becoming a Better Writer, Speaker, and Atmospheric Scientist [6] 这本书虽然主要面向大气科学研究者，但它是一本对于各领域学者都很有用的书，因为它包含了关于科学表达和交流等多方面的通用型指导。The Introduction to Journal-Style Scientific Writing [10] 是一个免费的公共网站，提供了一些关于如何撰写和构建科学期刊论文的技

巧。*The American Scientist* 杂志也是一个很好的公共资源[11]，它从读者的角度讨论数据表达和提高文章吸引力的方法，此外还探讨了如何在科学写作中适当地使用英语语法。最后推荐读者阅读 *Scientific Writing*[12]，它提供了一个深入的论文写作指南，其中包括初学者进行科学写作的技巧，以及有关学位论文的准备和写作等内容。

参考文献

［1］https://en.wikipedia.org/wiki/Predatory_open_access_publishing, 2016.

［2］Kearney M H. Predatory publishing: What authors need to know Res［J］. Nursing Health, 2015, 38(1):1−3.

［3］Butler D. Investigating journals: The dark side of publishing［J］. Nature, 2013, 495(7442):433−435.

［4］https://scholarlyoa.com/individual-journals/, 2016.

［5］https://en.wikipedia.org/wiki/Open_access_journal, 2016.

［6］Schultz D. Eloquent science: A practical guide to becoming a better writer, speaker, and atmospheric scientist［M］. Berlin: Springer, 2013.

［7］https://www.climate-lab-book.ac.uk/2014/end-of-the-rainbow/, 2016.

［8］https://en.wikipedia.org/wiki/H-index, 2016.

［9］Meho L I, Yang K. Impact of data sources on citation counts and rankings of LIS faculty: Web of science versus scopus and google scholar［J］. Journal of the American Society for Information Science and Technology, 2007, 58(13):2105−2125.

［10］http://abacus.bates.edu/～ganderso/biology/resources/writing/HTWgeneral.html, 2016.

［11］Gopen G D, Swan J A. The science of scientific writing［J］. American Scientist, 1990, 78(6):550−568.

［12］Lindsay D R. Scientific writing［M］. Clayton: CSIRO Publishing, 2011.

第 3 章

基 金 申 请

我需要一万马克。

——奥托·瓦尔堡（Otto Warburg）

3.1 引　言

自欧洲文艺复兴时期以来，科学家们往往自筹资金开展研究（出人意料的是这种情况一直持续到最近）——他们或者出身于富有的家庭，或者由于际遇或工业上的成就而致富。许多中世纪甚至19世纪的著名科学家在他们简陋的实验室中潜心探索，利用个人资源对他们洞察的科学方向开展研究。他们不受约束的自由思考以及不断完善的理论，形成了大部分（甚至是绝大部分）当今我们对自然界的基本认识，并了解其背后的物理规律，而这些物理规律是今天所有科学技术的基础。然而，工业革命期间科学技术迅猛发展，教育在不断变革的社会中得到极大改善，这意味着近代史上那些深刻的思想家和伟大创新者需要寻求外部资源（基金）来实现他们探索和创造的雄心壮志。既然科学家需要基金支持自己的科研项目，那么他们就有必要说明这些项目可能产生哪些成果，而这些成果可能惠及的对象包括公众和慈善机构，甚至大型企业等。

"预期成果"在所有基金申请中越来越成为重点介绍内容——只有结果才能证明研究手段的合理性。像本章开头的引文中Otto Warburg在1921年向德国科学应急协会申请资助时那样，科学家只需简单地说明他们的工作需要多少资金的日子已经一去不复返了。

大多数的学术职位（包括许多其他专业岗位），有时候需要向资助者或者基金机构提出申请建议,说服他们为你的想法和研究计划投入资源,让你有时间和资金去从事研究。在科学研究中,这种基金申请(或项目建议)一般需要针对特定领域的研究现状开展讨论,其目的是为了突出在一个具有可行性的项目中所计划研究的科学前沿问题或应对的挑战。

一份成功的基金申请书基本上需要包含以下3个方面:创新的想法,杰出的项目设计,以及将项目设计完美地表述给潜在的资助者。如同本书中介绍的其他内容一样,一个成功的项目申请通常需要向评审者清晰地表述想法。你的研究思路可能会改变世界,但如果不能说服其他人相信其潜力,你就可能永远得不到所需资金去开展研究。

你可以参考本书第4章中将会提到的沟通三角形,写一份基金申请书需要关注自我(你的想法)、受众(资助者)和表述(为什么你的想法值得投资)。本书中给出的建议可以帮助你确定目标、与潜在的基金机构或其他投资者进行有效的沟通,并对如何完善科学研究思路,使之成为可行的项目等方面提供一些有用的建议。当然,本书并不提供那些令人兴奋的科学想法——真正的创新思路只可能来源于你自己。

在本章中,我们希望能够解决基金申请书撰写中的一些难点。从个

人经验来看，即使是申请书中的一些专有名词对于新手来说也显得令人生畏，并且申请过程可能看起来非常神秘。本章将分析基金申请书的构成要素，并讨论如何将你的研究思路发展成为一个可行的项目，以此让评阅人和资助者认为有必要资助你的研究。我们首先探讨如何完善你的想法和项目表述，然后讨论项目评审过程，让你了解科学界的同行评审和资助决策的过程。尽管这里所讨论的大部分内容可以直接应用于所有项目建议（包括提交给企业赞助商和投资者的商业企划），但是这里提供的案例和重点在于提交给公共基金机构的科学研究项目申请。

3.2　好的科学问题

这是一个价值百万美金的科学问题！对科学问题好坏的判断是个非常主观的过程，其他领域的研究人员可能不会认识到你的想法或项目的重要性或可行性。幸好在项目评审过程中通常存在制约和平衡，这能消除一些影响，但是在撰写任何基金申请书时仍需特别注意这点（本章后续内容将进行详细介绍）。

自信心不足的研究人员（尤其是那些事业刚刚起步的年轻人）虽然可能有真正重要的科学创意，但有时对自己的创新能力缺乏信心，难以将这些问题的创新性表述出来。而很多过度自信的研究人员虽然想法平庸，但是对那些问题（以及他们自己的能力）非常自信，以至于他们能够给出一个强有力的资助理由。因此，本书想要给读者最重要的一个建议是诚实自信。如果你对自己的研究思路和实现这些创意的能力没有信心，那么你就不可能在基金申请书中传递自己对这个研究的自信，你的申请也注定要失败。与此相反的是基于一个糟糕想法而提出空洞的假说，这在苛刻的学术审查下其谬误通常显现无疑，但有时候也难免有错判。换言之，自信应该来自你经过深思熟虑而得到的充分合理的研究思路。

因此，你的目标就是思考一个科学问题；你首先要说服自己这个科学问题很重要而且很有潜力，然后花时间把它发展成一个可行的、有价值的项目，最后再把这种自然而真诚的自信呈现给项目申请的

评阅人。

从根本上说,一个出色的科学问题应当代表某些科学领域的重要的最新进展,理想情况下能够日益产生直接和/或间接的社会效益,例如在公共卫生、经济或环境等领域。这个科学问题的产生通常是自然而然的,是研究者在一个特定领域经过多年的专业训练和探索后(比如说完成了博士论文之后),身处科学前沿而提出的。提出重要科学问题或好的想法是衡量一位学者是否真正独立的标尺,它证明你能从资深学者(如博士生导师)的指导中脱离出来,开始自己的独立研究之路。以我的亲身经历为例,在早年进行博士后研究时我惧怕任何新的想法,甚至在意识到这些想法真正有用之前,就把它们从脑海里消除了。事后看来,这有两方面的原因:一方面是我总认为我能想到的别人应该已经想到了;另一方面是我认为自己没有能力去完成一个与我正在实施的研究课题不相关的其他项目。在进一步思考之下,我认识到导致这些问题的真正原因在于:① 无知——我那时对所在领域的研究现状认识不深,因此不确定自己的想法是否真的足够新颖;② 惰性——我没有意识到自己所具备的分析和自我管理能力可以应用于其他项目。对我来说,当我投入必要的时间对新的想法所涉及的领域进行探索(以减少无知),并敦促自己完善技能且将其应用于新的问题（消除惰性），以此来促使自己写出第一个独立研究计划时，我这两个方面的消极思想就消失了。惰性不是好事儿，只有消除了惰性，才能有真正的创新和随之而来的愉悦。因此，我再次强调，不要囿于自我，给自己时间和空间去探索你的想法。与你信任的同事讨论这些想法，并听取反馈意见，然后继续撰写你的第一份基金申请书。它很可能会失败，但你不要因此而停止尝试。科学是由那些敢于探索、善于抗压的人推动的，他们不断拓展，并促进知识的进步。

一个好的科学问题也需要兼顾风险和回报。基金机构通常试图定性地（有时是定量地）评估任何项目的想法中所固有的风险，并在将其与项目成功可能带来的影响和回报之间进行权衡。相比于那些稳步推进且相对安全的研究计划，一个真正令人兴奋的"颠覆性"想法的失败风险高，但其潜在的高回报很可能被评审者优先考虑。作为同行评审专家，我收到的许多项目都是设计规划得很好的稳步推进型项目。然而我还是时不时地收到一些真正令人兴奋的项目申请。它确实能激发想象力，但这也需要提供充分的证据来证明这样的投资的确是值得的。在此，我的建议是谨慎、但不惧怕。作为具有出色研究记录的经验丰富的学者，评审专家可能会更加在乎你是否有能力完成高风险的项目，但是如果你确信自己的想法很棒，你就应该去尝试。需要注意的是，任何有风险的项目仍然必须有一个好的设计，以便能够辨别风险，并将其减轻甚至最小化，同时还能指出项目成功可能带来的影响和回报。

下面让我们来看几种情况。一种是高风险与高回报，一种是适度风险与适度回报。还有一种可能的项目情况是低风险与高回报，但以我的经验来看这样的项目建议确实非常罕见。高风险与高回报的例子是希格斯玻色子（一个基本的载力粒子）的发现，这个发现一举完成了粒子物理的标准模型，并为各种新的基础物理和潜在的技术突破铺平了道路。在大型强子对撞机项目中，其风险非常高，没有任何可观测的证据，实验基础设施和人员的成本巨大，能否成功远远得不到保证，并且没有明显的技术突破途径。然而，这个项目很有说服力，吸引了数十亿欧元的投资和一批富有激情的研究人员来完成这项任务；适度风险与适度回报的例子是为天气预报开发新的模型参数,并需要新的实验数据来验证它——利用从可靠的实验数据中获得的新见解,对现有的良好的天气预报模型进行增量式的、容易实现的改进(尽管我在英国气象局的同事很可能会争辩说,这样的新进展并非仅仅是增量……)。

总而言之,你要有勇气去探索自己的想法,花时间去研究自己感兴趣的领域,并制定一个切实可行的计划(参见第3.3节),然后把那些想法变成一个可能的研究项目。考虑如何减轻风险、使之最小化,同时使回报达到最大化。你可以从你信任的同事那里获取建议,并学习你所需要的技能以帮助自己完成项目。努力思考,科学发展需要你!

练习:把一个想法变成一个项目

这个练习将帮助你思考如何把一个想法变成一个可操作、可实现的项目以及其中所涉及的步骤。

首先,列出你所想到的3个科学问题,它们代表了你感兴趣的领域的新进展。这些问题可能是你完成博士论文后想做的后续工作,也可能是你最近撰写的论文中一些悬而未决的问题,或者是另外一些完全不同的内容。不要顾忌风险——让其中一个问题真正具有探索性并具有高风险(就成功的可能性而言)。

一旦你有了这个问题清单,想想你需要做些什么来研究其中的每一个问题。你需要什么设备?你需要什么数据?你将如何获得这些数据和设备?你需要什么设施?如何分析数据或构建模型?每一步需要花费多长时间?你自己能做什么,需要别人(包括不同单位的人)的专业帮助吗?

将这些内容整理成完整的"工作包",计算出项目总时间,并粗略计算成本。考虑一下哪些工作包可以并行完成,哪些工作包将依赖于另一个的结果。

对于每一个项目,考虑每一步的风险。如果无法获得其中的部分数据,那么意味着什么?如何把潜在风险真实发生的可能减到最小?如果风险不可避免,你会怎么做?想想项目的"关键路径",如果项目的一部分不能实现或者没有结果,你将如何推动其他部分使其获得成功?

3.3　资助机构和项目征集

当你确定有一个出色的想法和一个原则上可行的计划后，你必须首先找到一个适合你想法和预算的资助人或资助机构。如果这是你的第一份申请，不要闭门造车。如果你的想法有应用前景，你可以联系特定的公司，询问他们的研发战略并探讨如何与他们合作。对于公共基金机构，你可以查找国家科学基金委员会，阅读其网页以了解他们的科研资助范围，从而评估自己的项目是否适合他们所发布的资助方向。在欧洲，有一个欧洲研究委员会接受来自整个欧盟的不同学科方向的科学研究申请。该研究委员会通常会提供电子邮件联系方式，这是一个非正式地讨论你的想法是否合适以及项目是否在委员会资助范围内的有效渠道。如果你的申请超出了它的范围，他们会给你一个方向上的引导。然而，与富有经验的同事好好聊一聊通常可以帮助你节省很多时间。正如本书在第 9 章中将要讨论的，生涯指导在任何职业中都是一项终身的宝贵财富。

研究委员会通常会在规定日期发布征集研究建议或项目申请的公告（并公布相应的截止日期）。另外也有一些项目征集是持续开放或者连续滚动的。你可以花点时间看看目前和过去关于征集研究建议和项目申请的公告，以了解不同科学资助机构对什么感兴趣，以及相应的资助范围。你还可以注册资助机构关于项目征集的电子邮件提醒，这是一个很好的方式，可以跟踪未来的资助机会，而不必时时上网查询。

有时针对特定的项目征集，你的想法可能需要做适当修改，以满足基金资助方对项目的特别要求。而在其他时候，你的想法可能更适合公开的项目征集，这种情况下资助方会接受更广范围的申请。但始终要确保你已经阅读了资助方和项目征集的相关网页，以向合适的机构提交基金申请。

对于任何学术新人、即将毕业的博士生或处于职业早期的博士后研究人员来说，也许最重要的资助机会是针对学术新人的研究奖励金[①]。这是对那些具有创新思想，同时展现出优秀科研潜质的研究者的学术奖励。虽然研究人员在其职业生涯的不同阶段都有机会获得奖励金，但本章将只关注针对职业生涯早期的奖励金。此类奖励金对于任何有抱负的科研工作者来说都是一个真正的职业发展机会；资助期间它通过指定的科研机构为你提供薪水和研究经费，这意味着你可以自由地从事自己的研究项目而不会与教学和其他职责（这些通常来自你雇主的要求）有冲突。

　　早期的职业研究奖励金既是对个人的资助，也是对项目研究思路的投资。资助机构和评审专家针对有前途的年轻学者征集项目，这些学者已经有了良好的研究成果，并且有令人兴奋的想法，这些想法来自他们在自己领域内独当一面的技术与研究基础。这类研究奖励金的下达途径，并不局限于候选人目前所在的研究机构，因而申请人可以参与到世界顶尖的研究团队中去，并学习新技能和专业知识，这对他们的研究思路大有裨益。同样地，申请者也可以通过他们所在的研究机构申请资助。无论哪种情况，评审专家都需要看到申请人有良好的研究基础，能成为独立的研究人员，并且懂得如何与其他团队和研究小组协作，以完成基金申请中的研究目标。

　　以我的经验来讲，研究奖励金的申请应该基于个人独立的研究思路，其成功的基础在于个人在本领域的良好研究记录以及所在研究机构的大力支持。你应当在现有的强大研究团队中找到自己的位置，并显示出你和他们的真正协同，这将对申请大有好处。总而言之，如果你在考虑申请一个职业研究奖励金，你必须考虑在未来研究团队中的角色，以及该团队与你提出的项目思路的相互配合。你还要展示长期的职业规划，证明你是一名具有职业潜力的研究者，对你进行资助是合理的。

　　一旦选定了基金资助机构并准备针对其项目征集提交申请，你需要进一步检查自己是否具备向该机构申请资助的资格，并了解你提交的申请书中需要包含哪些部分。通常资助机构都会有申请指南和模板可供参考，以确保你提供了资助者需要的所有相关信息，例如简历、项目预算书和立项

---

① 译者注：针对中国大陆地区的青年学者，国家以人才计划的方式提供这类研究奖励金，如"青年海外高层次人才引进计划""长江学者奖励计划"青年项目等。此外，各省、自治区和直辖市层面也有类似的人才计划，以上海市为例，有"上海市青年科技启明星计划""上海市青年东方学者计划""上海市浦江人才计划"等。

依据（下面有更多细节）。你通常可以从基金机构下载或以其他方式得到基金申请手册，并从中找到所有这些信息。如果有任何疑问，随时与基金机构联系以寻求帮助，帮助你是他们的工作。如果你已经被一个有资格申请基金资助的研究机构聘用，一定要得到他们的支持——找到能帮助你的同事，告诉他们你的计划。例如，财务办公室可以帮助你计算项目的成本（参见第3.5节）。同样，与同事交谈有助于更好地得到项目的支持。不要完全独自埋头去撰写基金申请书，你可能需要花一些时间来了解能得到哪些帮助。

练习：研究你的受资助机会

这个练习将帮助你思考向谁寻求研究资助。

对于你在前面练习中形成的每个想法进行研究，以了解哪些机构和公司可能资助你，并了解如何根据资助者的项目征集提交申请。检查这些资助机构的资助范围，并分析你的研究思路是否与之吻合。你可以从搜索引擎搜索"科学资助机构"开始，或者从国家研究委员会的主页开始，例如 https://erc.europa.eu/，http://www.rcuk.ac.uk/，http://www.nsf.gov/ 等[①]。

你可以在任何感兴趣的机构注册邮件提醒[②]，以便随时了解最新的项目公告。此外，下载基金申请手册或指南，针对感兴趣的资助者撰写申请书。

3.4　基金申请书包括的内容

很遗憾，基金申请书并没有万能格式。然而，有经验的学者在构建一份申请书时确实会形成自己的特色。有一些关键之处对于所有申请书都是必不可少的，有些地方则可能需要根据资助方的要求而有所调整。一定要认

[①] 译者注：中国国家自然科学基金委员会的主页是 http://www.nsfc.gov.cn/
[②] 译者注：中国国家自然科学基金委员会未提供这项服务，但你可以在它的网页通过微信扫码关注其公众号

真阅读资助方的申请手册或其他指南，以便了解哪些信息是强制性要求的，以及可能需要遵从的模板。有些申请书甚至对文件格式、字体样式和大小都有严格要求，若不遵守规则，可能直接导致申请被拒绝。如果你花了几个月的时间来撰写你的申请书，而仅仅因为附件简历中有一行字使用了错误的字体，申请书没有通过形式审查就被拒绝，这会特别令人伤心。基金申请的竞争如此激烈又耗时，一些资助机构会想方设法地减少他们必须审查的申请书数量，不要给他们一个简单的借口拒绝你。

现代基金申请书的典型组成部分包括以下几项。

（1）立项依据：支持你的科学思想和研究计划的理由。

（2）经费使用合理性：与工作计划相联系的预算细则。

（3）预期成果：从你的研究中得到的效益和后继影响以及潜在的受益者。

（4）数据管理计划：如何与他人共享研究数据。

（5）个人简历：以学术风格撰写的个人简历。

（6）研究经历：你的经验有助于完成拟申请的项目。

（7）研究计划：项目完成时间表。

（8）风险管理计划：项目风险评估，如何缓解风险、使其最小化。

根据资助方的不同，很可能还有其他组成部分，或者其中一些会合并到一份文档中。无论如何，核对总是必需的。所有这些组成部分都很重要，但决定申请能否通过的是，你的项目是否给评审专家留下深刻的印象。有时你可能要提供一份通俗易懂的项目摘要，供非专业的管理人员选取评审专家时参考，而具体细节则会在申请书中说明。下面将更详细地介绍两个最重要的部分：立项依据和预期成果。

3.4.1　立项依据

这可以说是任何申请书中最重要的部分。你需要说服评审专家你有一个值得资助的重要想法和可行的研究项目。可以是几页A4纸，也可以是好几卷合订本（适用于包含多个研究内容的，庞大且复杂的项目，例如新的卫星设备）。通常情况下，在限定的篇幅内阐述立项依据很有挑战性，因此你的沟通技巧非常重要。你必须高效、简洁、透彻地描述你的科学创意，使其能够达到由评审专家根据其专业水平和研究方向设立的评审标准。评审专家通常由资助机构挑选（参见第 3.6 节），并且通常是你所在研究领域的领军者。然而，许多申请书的研究方向可能非常前沿，并非所有评审专家都在这个特定领域拥有高水平的专业知识。因此，你的叙述必须兼顾不同的对象，包括具有一般常识的人和领域内高度专业化的专家。例如，在大气科学领域中利用飞机测量温室气体的项目评审专家，既可能是采样数据理论方面的专家，也可能是研发测量地面温室气体传感器的研究者。显然，每位评审专家都可能比另一个更好地理解申请书的某一方面，但你的任务是提供足够清晰的描述，以使任何一位评审专家都能理解申请书的主旨，而且还能够在其专长领域里找到他们关心的必要的技术细节。

撰写这部分的最佳方式是引导读者从项目的整体构思和预期成果（这些可以通过摘要来体现）出发，首先围绕科学问题介绍较为广泛的领域背景，逐渐进入你的项目所涉及的领域前沿以及你将如何实现你的计划。其次在每个阶段，当你深入描述技术细节时，需要对每个部分进行依次介绍和总结。像讲故事一样，你的立项依据以及它的每个部分，必须有开始部分（介绍和引导性的摘要）、主体部分（从一般概念到技术细节）和结尾部分（项目的后续影响）。这种贯穿于每个自成一体章节的周而复始的介绍和总结，确实有助于评审专家理解你的项目想法，并遵循重复和记忆保持的三重原则——告诉你的听众他们会读到什么，提供相关信息，然后给予总结。如果你仔细看，大多数参考书（包括这一本）和研究论文都遵循这个原则。

评审专家通常都非常忙，他们的评审工作一般都是无偿的——你的任务是让他们尽可能容易地理解你的文字。一个忙碌的评审专家不会有耐心多次阅读你的申请书以试图理解它。你必须在第一句话就抓住他们的眼球，并使他们的注意力保持到最后。通过引领他们从背景介绍看到技术细节再到总结，你要想办法使读者和评审专家更容易理解项目信息，并有助于他们形成记忆。从心理学角度来说，愉快的阅读体验会让评审者产生更好的心态，也能更客观地评价你的申请，尤其当你通过渐进、简洁、易于理解的方式引导他们理解项目的技术细节时，更是如此。

基金申请书的一般结构类似于图 3-1 所示，主要包括：

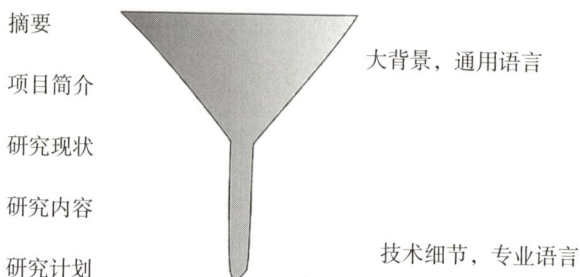

图3-1 基金申请书的"漏斗"结构：从一般到具体的叙述

（1）项目的简短摘要，说明它为什么重要。

（2）背景介绍或文献综述，论述你的研究领域的科学背景（如前人的工作），最终引向项目所针对的前沿问题。

（3）描述项目将做些什么，将它们分解为独立又相互联系的研究内容。

（4）描述每一个研究内容可能产生的成果。

（5）关于该项目的后续影响及进一步科学研究的总结。

有时，项目管理和风险也可能构成立项依据的一部分——详细核对你所选择的基金资助机构的资助手册。

首次申请基金资助的研究者通常具有撰写经同行评审的论文的经验，但他们往往不知如何在项目内容和科学背景（即文献综述）之间取得平衡。经常有人问我，申请书中应该包含多少与项目细节有关的文献内容。这里没有一个通用的答案，但重要的是，申请书不是研究论文。总结相关领域内的研究现状并确定你的研究将填补的空白这一点很重要，但最为重要的是介绍申请项目的具体细节。大多数评审专家已经对这个领域很熟悉了，因此你的背景介绍和文献综述应当非常简洁，首先要尽快将评审专家的目光引到项目拟解决的前沿问题上，随后再对项目进行详细描述。相关科学问题讨论的目的是向评审专家展示你的专业知识储备，并且说明你的研究处于该领域的前沿，以此证明所申请项目的重要性。关于研究主题，你不需要罗列你所知道的一切，也不需要详尽地列出和讨论在这个领域里发表的每一篇论文的优点。在篇幅有限的情况下，你要尽快开始介绍项目细节，而不要让评审专家对他可能已经知道的内容感到厌烦。

下面将以前文提到过的利用飞机测量温室气体的项目为例做进一步解

释。让我们采用十分简单的方式来分析申请书的一般流程和结构。

（1）**摘要**：测量温室气体对了解气候变化很重要，使用飞机传感器是测量它们的好方法。这个项目将采用这种方法并为气候科学家提供新的数据。

（2）**背景**：已有很多工作测量了地面的温室气体，但仍需要进一步的数据，而这些数据只有利用飞机才能获取。以这些数据为基础，可以建立复杂的数学模型来计算排放量。

（3）**研究内容**：本项目将实施：① 在飞机上安装新设备；② 使用该设备在特殊环境中采集数据；③ 利用复杂的数学模型来解释数据，以得到新的温室气体及其来源的分布图。

（4）**预期成果**：本项目将产生：① 供科学家使用的新数据；② 对新的地区的温室气体源形成新的理解；③ 论文、会议报告等。

（5）**研究展望**：新的温室气体源的分布图将对气候预测方式的改良有指导意义，并影响减排政策的制定。

如果你能给评审专家留下一个清晰完整的故事，说明你想要做什么，为什么要做，以及你将如何去做，那么你已经成功地完成了一个很好的立项依据的撰写。

3.4.2　预期成果

这部分内容应该解释项目预期成果如何对他人产生裨益，应该使人认识到你的工作能够融入广泛的社会群体中，并确保你不是唯一了解这个令人兴奋的项目的人。你需要对预期成果进行更为详细的描述，同时包含在实践中如何实现其潜在影响的路径。

第一步应列出研究的受益者，即谁受益和为什么受益。受益者可以是其他研究者，他们可能希望将你的数据用于其他项目。由于你的研究带来了一些变化（例如，一种能改善生活的新药，或者由于新的政策建议而改善空气质量）；公众也可以成为直接或间接的受益者；还可以是企业合作者，他们利用你的研究开发新技术，产生经济效益；甚至可以是学生和感兴趣的个人，他们会通过有针对性的知识交流了解你的工作。

这里的关键是要考虑更广泛的受益者，然后设法通过交流与共享使你的研究惠及更多人群。例如，如果你的研究具有经济效益，你将如何与那些可能用到它的企业打交道？其他学者又能从你获得的新数据中学到什么？如何激励他人？是否需要时间和经费来做这件事？媒体会感兴趣吗？

要记住，你的研究目的在于获得新的知识，而这些知识可以造福他人和世界。当你心中有了这个目标，并花一些时间来考虑如何实现它后，这自然而然地就构成了申请书中的一个简单部分。

练习：列出预期成果

对于在本章的第一个练习中形成的想法，首先列出每个项目中你能想到的所有受益者，可能是其他研究团体、特定公司、公共机构、决策者、教育工作者和一般公众。其次简要说明你的项目产出的各个方面与上述每个群体之间的关系。对于每一类受益者，考虑他们如何与项目或其产出形成互动，以及你将如何促进知识交流，例如出版物、会议、学习班、受益者活动、政策指导、个别交流、后续项目等。再次，考虑你将在项目的哪些阶段与受益者进行合作。最后，写下这个项目可能给自己、受益者和整个社会带来什么好处。

3.5　项　目　预　算

有时你很难确切地知道执行项目究竟需要哪些资源，你应该向所在研究机构的财务管理人员寻求相应的帮助。一旦你确定了需要什么，他们可以帮你计算成本（例如研究助理两年的薪水）。

降低成本往往可以使基金申请对资助者更有吸引力。这里需要多加小心，我能提供的最佳建议是，精确地计算出需要的资源，并且合理地利用，不要多算，也不要少算。确保项目设计和预算相吻合。不要试图提出一个过于雄心勃勃的、在预算范围内根本无法完成的项目。评审专家和资助者将审查所申请资源的合理性，并且还希望看到项目得到适当的资助。如果你申请进行一个需要实地调研的项目，但忘记申请旅行和住宿费用，评审专家可能会问你打算如何支付这些费用。同样，如果你的预算包含了住五星级酒店和每晚吃三道菜的费用，评审专家也会质疑其合理性。

总而言之，充分利用项目资源来满足项目设计的所有需求比放弃部分研究以节省资金更为重要。在任何情况下，项目总成本都不能超过资助人可能提供的最大预算。你的成本也必须是实在和适当的。你通常需要假设一些意外情况（例如项目执行过程中的通货膨胀），但是对项目成本的过高估计会让你看起来很贪婪（你需要的笔记本电脑真的像你在申请书中列出的那样昂贵吗？）。你需要为贵重的设备寻求多份报价，并将其附在申请书中。你可能需要一个研究助理来帮助你，并由你所在的研究机构承担费用。如果你发现计算的成本超过允许的最大值，那你可能需要重新设计研究内容，最好是在项目计划阶段就这样做，而不是在受到资助后才发现自己无法完成项目。

在大多数情况下，所在机构的财务管理部门将帮你计算（通常必须审批）员工和其他的项目费用。但实验设备、旅行或耗材的成本都必须由你计算并提供给他们，而且所有的成本都必须根据项目的需要逐项列出，供资助方审查其合理性。

最后，有必要思考和计划如何利用来自其他合作伙伴的资金或实物捐助等可能获得的任何其他资助。例如，如果另一个研究所或公司的某位实验室的同事让你免费使用他们专有的研究设施，或者有人同意为你提供一套独特的数据以及使用该数据的相关指导。这些实物贡献将显著提升你的基金申请，而且能够提高申请书的质量。因为这不仅提升了价值，而且可受益于专家的支持和指导，从而将项目风险降至最低，并可加强项目的影响力和知识交流。为此，要仔细考虑如何从其他研究机构的同事那里获得支持，以及如何能够为共同利益与支持而共同努力。如果获得这样的支持，一定要收集那些合作伙伴的支持信，解释他们对你的项目的贡献，以及他们支持项目创意的理由。

3.6 基金申请过程与同行评审

在你的职业生涯中，要学会适应的，也是最令人沮丧的事情之一，就是你的大部分基金申请可能得不到资助。我相信任何诚实的学者（甚至诺贝尔奖获得者）都不会否认这一点。目前基金资助体系的现状是，不论在公共资助的科学领域还是在工业界，资金都不是无限的。但是又有大量非常聪明和有能力的人，他们拥有非常好的想法，常常在基金申请上与你形成直接竞争。你所能做的是尽你所能以最好的方式提出你的创意和立项依据。如果成功了当然值得庆贺，但如果失败了也应从中吸取教训。通常，你会发现评审专家和资助方可能认为你的申请具有高度优先的资助可能，但是却由于当时可用的资金有限，只能资助优先级更高的申请。在这种情况下，重要的是不断尝试，在申请过程中精炼你的想法，而不是将之视为失败。

　　找到潜在资助者并完成申请书的撰写是在基金申请过程中完全由你自己控制的一部分。一旦你提交了申请书，审查和评估的过程就开始了。为了提交后得到最好的机会，你可以在申请前请资深同事审阅你的申请书，并在研究机构内进行同行评审。在申请截止日期前做好这件事，你就有时间在他们建设性意见的基础上再接再厉、完善申请书。许多研究机构都会要求在申请提交给资助机构之前进行正式的内部同行评审。

　　基金申请的通常流程如图3-2所示。你可以从申请指南中发现评审信息。例如，不是所有的基金申请都要求与评估小组进行面对面的答辩，也不是所有项目申请都让你有机会回应评阅中提出的问题。通常，你的申请书将首先由专家评阅打分。之后这些评阅意见，有时连同你对问题的回应，将交给一个由几名成员组成的评估小组，该小组将根据评阅意见和回应来判断每份申请书的相对优点，并就资助的优先顺序提出建议（通常按照评阅标准给出一个申请者可以查询的分数）。该小组将针对每一份申请书确定资助的优先顺序，然后资助方将依序给予资助，直到可用的资金用完。下面我们将依次对每一个阶段进行简要的介绍。

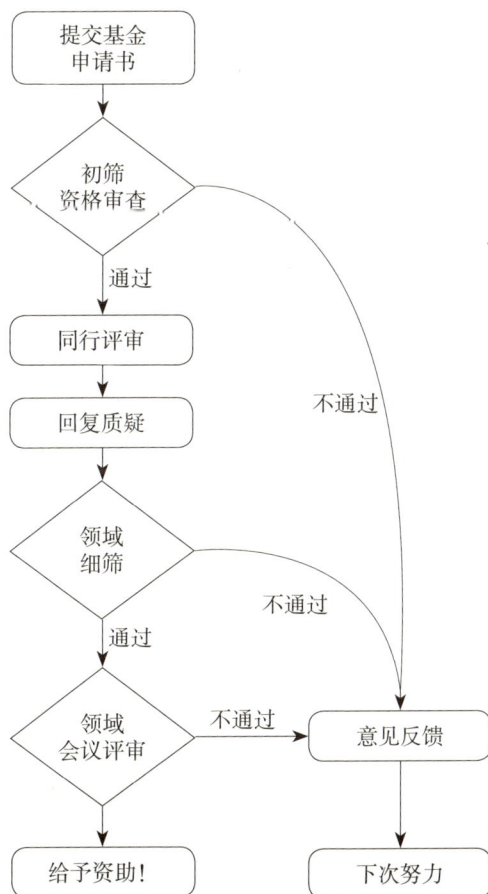

图3-2　从提交基金申请书到获得资助的基金申请流程图

（1）在基金申请书提交后，资助机构将首先对申请人进行资格审查，并核对建议的研究项目和资助范围是否吻合。然后，他们将进行形式审查，确定申请书包含了所需要的所有组成部分。在这个阶段，一些资助机构可能相当严格，会直接拒绝申请不给你改正的余地，所以要确保你已经按照要求提供了所有需要的内容。

（2）形式审查之后，资助方将选择邀请评审专家根据预先确定的标准来评估你的申请并评分。你通常可以在由资助方提供的申请指南中找到评审专家的评阅要求以及评分标准等信息。这很有用，它可以确保你的申请书能够清楚地提供信息以帮助评审专家。你可能被要求提供与项目不相关的潜在评审专家的联系方式。资助方并不一定会联系这些专家，但是提供你知道的最适合评估你的项目专家，是非常好的做法。资助方会判断你所建议的评审专家是否合适，并可能选择邀请他们。

（3）一个资助机构所拥有的评审专家库通常是经过精心挑选的，并且由该机构资助范围内的研究领域的领军专家组成。然而，一些申请书很可能会由对你所在领域具备有限专业知识的学者或专业人士进行评阅。一般来说评审专家都是经验丰富的，他们会客观地向资助方说明自己评阅的局限性。评审专家将按要求评价项目在科学上的重要性，申请人完成项目研究的能力，以及在项目设计有效性方面的长处和短处。他们可能被要求评估项目的风险，并对项目的影响力和资金使用的合理性进行评价。就职业研究奖励金申请而言，他们会考虑申请人的履历以及作为独立研究人员的潜力。

（4）按照资助方和项目征集的要求，你可能有机会回复（或反驳）评审意见，以澄清误解。在这种情况下，你可能会收到一些评审意见（通常至少两个或更多）。正如第2章所讨论的，重要的是不要把评审意见看成是对你个人的指责——它们应该是对你申请书的客观讨论，而你对它们的回应应该同样客观。有时你可能觉得评审意见是对你申请书的攻击，这可能正是评审意见的作用。你的职责是为你的研究思路进行辩护（如果你觉得评审专家错了），并回答所提出的问题。礼貌而且诚实地回答每一个问题。如果评审专家确实误解了你工作的某些方面，那么做出最终决定的评估小组（见下文）将根据评审意见和你的答复做出判断。很多情况下，评估小组可以完全忽略那些他们认为不准确或不客观的评审意见。所以如果你收到负面的评审意见，不要过于沮丧。实际上，得到详细的评审意见要比只是简单地对你的申请表示支持的意见要好，因为后一种评审意见中没有可供评估小组做出判断的任何具体内容。

（5）资助方会召集一个评估小组，在同行评审后对申请项目进行优先级排序和评分。该小组通常包括来自项目资助范围内同行评审专家库的领军学者、主席（管理并保证小组讨论正常进行）、由资助机构派遣的秘书（可以在程序方面提供咨询），以及资助机构观察员（他/她可能会轮流出现在几个小组中，以保证评估小组在由资助机构管理的各种项目中评估的一致性）。你的项目申请通常首先由一位成员向整个小组进行口头描述，该成员要阅读你的申请书、申请书的评审意见以及你在小组会议之前对评审意见的回应。之后会有第二位成员做同样的事情。然后，主席将请两位成员就申请书的优点和缺点进行讨论，并邀请小组中的其他成员发表意见。理想的情况是，小组所有成员都已经审阅了每一份申请书。然而实际上，每位小组成员可能要介绍许多项目申请，而一个小组所评审的项目总数可能非常大，这意味着小组成员通常只能阅读和评价与他们的专业领域最密切的那些项目申请。两位对项目进行介绍的成员将就评分结果达成一致意见，而这个分数将由秘书进行记录。根据我参加过几个评估小组的经历来看，这是一个耗费精力、但非常客观和透明的过程。小组成员将尽最大努力来评估申请项目的相对优点，小组评估过程和同行评审之间的制衡确实有助于确保项目评估的客观中立性。为了使这一过程对你最为有利，你应该使所有相关人员尽可能容易地完全理解你的项目。因此在写申请书时，尽量让自己站在评估小组成员的立场上，即确保申请书中的每个单词和句子都是有意义的，并且其结构可以让一个非常忙碌的人很容易地理解它。如果做不到这一点，那你的想法就有可能被噪声淹没了。

（6）在评估小组对你的申请项目和其他所有申请进行评分后，评估小组秘书将按照评分将它们排序。许多项目申请可能具有相同的分数，这些项目也要按优先级排序。这时评估小组需要对这些项目进行简要的重审，并再次对它们排序以保证每一个项目得到其唯一的序号。

（7）最后，资助方将把资金依序分配给列表中的项目，并在资金分配完毕时给出一条分数线。如果你的项目在这条分数线之上（意味着是可被资助的），那么恭喜你！然而，绝大多数人通常会低于这个分数线。项目资助率低于五分之一（有时甚至更少）的情况并不罕见。记住，你可能要写出5个好的基金申请，才有机会超出平均水平。你的工作就是通过根据有创意的想法写出优秀的申请书来增加你的被资助率。

（8）如果你运气不佳，你可以要求对评委的意见进行反馈。请他们列出你不被资助的原因，反思这些评审意见，试图回答评审专家和评估小组的问题和意见，从中吸取教训，并考虑在将来重新提交你的申请。重要的是不要放弃，不要把它当成个人问题。作为科学家你应当发现、质疑，并捍卫真理，这正好反映在同行评审的过程中。不要害怕你自己、你的想法，或者那些正确地提出质疑的人。

3.7 小 结

本章描述了如何申请基金资助和如何通过良好的结构与有利于叙述的形式来构架科学思想，同时介绍了典型的资助机构进行的同行评审过程。最重要的是，本章解释了成功的基金申请和项目创意的基础，是在探索自身创新能力和建设性反思过程中建立的信心。自信、抗压、有条不紊、寻求建议和支持，然后努力尝试。祝你好运！

后续学习

本章的后续学习有关基金的写作技巧方面，它使你进一步思考什么是成功的基金写作所必需的。

1. 阅读一些成功的基金申请书：从你所在研究机构的信息交流部门[①]那里找到并阅读一些成功的基金申请书。或者登录一个资助机

---

① 译者注：中国大陆地区的高校或者研究机构中的基金申请事宜一般由科研管理部门负责

构的网站，阅读一些过去的成功申请案例。阅读成功的基金申请书将有助于你了解自己所需要的东西，并将帮助你发展自己的写作风格。

2. 列出即将开放的基金申请的截止日期：选择一些感兴趣的资助机构，并记下它们未来项目征集的最后期限。考虑它们中有哪些是你可以申请的？

3. 草拟一个项目申请：如果你准备好了，选择你最有希望实现的想法，并撰写一个立项依据，你在本章中的其他练习可以帮到你。注意申请书提交的截止日期，并计划好写申请书的时间，以便有充足的时间与值得信赖的同事进行讨论。

推荐读物

Scientific Writing and Communication: Papers, Proposals, and Presentations[1] 涵盖了书面和口头陈述的技巧，而且有相当的深度。作为少数几本涉及基金申请书写作的书籍之一，它与本章密切相关。这本书也提供了进一步提高科技写作和展示的一站式服务。美国国家科学基金会（National Science Foundation, NSF）资助手册[2] 是了解任何科学项目申请书组成部分和结构的最好起点。虽然它主要针对的是那些想要申请美国国家科学基金的研究者，但其中包含的许多通用信息也适用于很多其他的国家科学基金申请。*Getting Funded: The Complete Guide to Writing Grant Proposals*[3]（第四版）主要内容在于如何形成项目申请，从想法的提出、申请书提交到项目评审过程。它还涉及项目预算和人力资源。*Proposal Writing: Effective Grantsmanship*[4] 虽然由学者撰写，但涵盖了提交给国家科学基金委员会之外的其他潜在资助者（包括企业赞助商和慈善基金会）的项目申请书写作方法。它为选择适当的资助机构提供了有用的指导，也涉及项目预算编制等方面。

参考文献

［1］Hofmann A H. Scientific writing and communication: Papers, proposals, and presentations［M］. New York: Oxford University Press, 2010.

［2］Funding handbook［M/OL］. United States National Science Foundation, 2016. http://www.nsf.gov/funding/.

［3］Hall M S, Howlett S. Getting funded: The complete guide to writing grant proposals ［M］. Portland: Continuing Education Press, 2003.

［4］Coley S M, Scheinberg C A. Proposal writing: Effective grantsmanship［M］. Thousand Oaks: Sage Publications, 2007.

| 第 4 章 |

演　讲

生活中没有什么可怕的东西，只有需要理解的东西。

——玛丽·居里（Marie Curie）

4.1　引　言

在一位科学家的学术生涯中，迟早会被要求做演讲，可能是在每周的小组会议上，也可能是在国际会议上，这两者都有其特有的潜在障碍需要被克服。无论针对哪类听众，或在哪种情况下，演讲都是一种艰难且艰巨的任务。不管他人如何描述，这个都是需要你自己反复练习的。而那些自称能随心所欲地即兴演讲的同事们，他们要么是之前已经多次讲过类似内容、经验丰富的专业人士，要么只是自欺欺人，事实上他们根本就不那么擅长演讲。

科学家可能需要面对各种不同的听众，因此根据听众的类别去认真选择相应的叙述方式是非常重要的，此外叙述过程也同样重要。本章将着重介绍如何做学术报告，包括学术会议场合和同事的小组会议。本书的其他章节还会介绍如何与其他类型的受众进行沟通，如第5章（普通大众）、第6章（媒体）和第7章（网络在线）。虽然本章的重点在于面向以学术为主的听众进行演讲，但它将提供实用的建议来帮助你成为更成功的公众演讲者。然而，我们能给出的最好的建议也许也是最显而易见的，那就是熟能生巧。著名的美国作家和幽默家Mark Twain曾经说过，"一场好的即兴演讲需要3个星期的准备"。这句格言道出了一个成功演讲的真谛：没有充分的准备，就意味着失败。

4.2 三 向 法

图4-1 高效沟通三角形

关于设计并发表演讲的最佳方法有很多理论，但本节所讨论的方法是基于Edward Peck和Helen Dickinson提出的理论[1]，它将为进行高效沟通所需考虑的内容归纳为3个方面：**叙述**、**听众**和**自我**。

图4-1以几何形状的形式展示了三向法——高效沟通三角形。可以看出，如果三个角中的任意一角缺失，那么中心的概念就不可能存在。也就是说，为了高效地沟通，听众、叙述和自我这3个要素你都需要考虑，若缺少其中一个要素，你试图传递的信息的高效性将会降低。我们现在将考察这3个要素，并讨论如何确保它们成为你的演讲工具箱里的完美工具。

4.2.1　发展叙述能力

演讲的最终目的是将某些信息传递给目标听众。这些信息可能是你在研究中的一些有趣的发现,也可能是你长期思考的一些问题的最新动向。无论你想沟通的内容是什么,你都会有一些想传递给听众的信息。为了确保听众能够从你的演讲中获取你想要表达的信息,提前做规划是很重要的。下面的练习是一个非常有效的方法。

练习：3个重点内容

想象一下你将要做的一个演讲。坐到办公桌或电脑前,想象一个理想化的情形,假若你的听众在演讲结束时可以完全理解你希望他们能够理解的内容,那么这些内容会是什么? 你可以为你的演讲写下(或电脑输入)3个重点内容。例如, 如果你的演讲是关于"演讲中的高效沟通",你可能希望你的听众了解"听众、叙述和自我"的重要性。

写下了这3个重点内容之后,你可以用它们来创建演讲文稿的结构,因为最终这些都是必须传达的要点。这3个重点也可以作为演讲文稿的最后一张幻灯片,因为它将有助于进一步向听众强调它们的重要性。

当然,通过找到3个重点内容来构建叙述方式的这种技巧不只适用于演讲。这项技巧在任何形式的交流中都非常有用,从国际电话会议到与主管或业务经理的会议。下次当你有重要的事情需要沟通时,先坐下来,弄清楚你要讲的重点内容是什么,这将帮助你理清观点,并使你更有可能实现目标。

一旦确立了关键的重点内容,你就可以开始构建你的叙述,以便能够以简洁和合乎逻辑的方式进行沟通。演讲实际上就像讲故事一样,那些适用于叙述故事的基本概念同样也适用于构建演讲。

"开头+中间主体+结尾"是一个故事最基本的格式,科学演讲也不例外。你需要先向听众介绍背景知识以便他们了解你的研究。如果不做背景解释,那么你的演讲可能无法引起听众足够的兴趣;而如果背景介绍过于冗长,那么听众可能在正式内容开始前就已经走神了。背景介绍是演讲的必要部分,你可以利用它向听众证明自己将要讲述的内容是值得倾听的。

一个故事的中间主体部分往往是情节发生和发展的关键所在。故事讲述者通过介绍背景,进而能够引出故事中更为有趣的部分。这就是你在做科学演讲中介绍研究方法、分析过程和所得结果的环节。你在之前的介绍部分里解释了研究的背景、理论和理由后,现在可以将听众带入你的科研探索之旅,例如你发现了什么?如何发现的?其意义是什么?

故事的结尾是整个故事各条支线的汇聚合流之地。好的故事叙述者会巧妙地在最终段落中将所有不同元素汇总在一起,为叙述增添深刻的背景意义。在科学演讲里,结论就是故事结尾,演讲者必须将所有先前的叙述路线全部串联在一起,然后将它们作为最终结果呈现给听众。同时,在阐明了实验过程及其设计依据之后,演讲者还必须说明所得结果是否满足预期,以及未来的方向是什么。

科学故事的线性叙事方式如图4-2所示。当然有些故事叙述特意不把所有的支线在结尾处关联起来,而是留下一个相对开放的结局,让听众有更多遐想的空间(例如Thomas Pynchon的 *Gravity's Rainbow* 和Jonathan Safran Foer 的 *Everything is Illuminated*)。科学的本质意味着在许多情况下,许多故事并没有"完美的结局",而是一系列等待进一步分析的问题。但演讲的技巧就是能将所有这些元素融合在一起,不仅让观众想要知道更多,还能促使他们提出有用的建议。另一个需要注意的要点是,这种特殊的线性叙事方式是否有效同样取决于听众。例如,当听众是记者时,你可能需要从研究的结论以及最重要的观点开始讲,以便尽早吸引他们的注意力。这些要点将在第6章中进一步讨论。

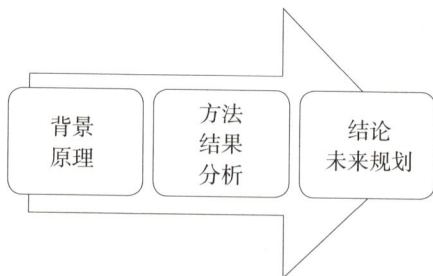

图4-2 对学术听众讲述科学故事的线性叙事方式

4.2.2　了解你的听众

　　第 2 个在高效沟通三向法中需要考虑的要素是你的听众。如果你忽略了听众，就如同你对着一堵白墙进行演讲。但可悲的是，似乎有不少科学家在某些情况下就是在"对墙演讲"。公开讨论你的研究是一个可以提升可见度或知名度的良机，并且能让演讲厅里的听众对你的工作留下深刻的印象。如果你在演讲时忽略了听众，那结果很可能就是真的没人对你要说的内容感兴趣。

　　似乎有一种不成文的共识，即在同行面前演讲令人紧张。虽然我们将在本章稍后的内容中讨论紧张的问题，但这里依然值得花一点时间来反思这种误解。几乎在所有情况下，听众都是通情达理的人，他们同样希望你能讲得出彩。虽然有例外，但一定要记住，你不是在参加地方性喜剧巡演的开幕式演出，也没有听众特别跟你过不去，他们来到会场的唯一原因是因为他们想要听你演讲的内容，更不用说他们中的大多数人都因为和你有过相同的演讲经历（可能就是近期的某次演讲）而感同身受。

　　既然听众对你的演讲会表现出理解、体贴和耐心，那么如果演讲者完全无视他们，这对听众是非常不公平的，更何况你的听众本身也是一场演

讲中不可或缺的一部分。通过与他们互动,而不是忽视他们,你不仅可以更高效地传递你的信息,还可以在演讲过程中获得快乐和满足。

如果你决定重视你的听众,那么最起码你要考虑他们的需求。虽然他们并不期待你会呈现出像《哈姆雷特》那样的戏剧性演绎,但他们仍然希望能从你的演讲中获得满足。为了让他们满意,你首先要用他们所能理解的词语与他们交谈讨论。以下的练习应该会对你有所帮助。

练习:了解你的听众

用一句话向一位5岁的孩子解释你的科研。你应该避免使用任何科学术语或任何会让这位听众无法理解的词语。一旦你完成了这句话的构思,请将其大声读出,想想它是否能被一位5岁的孩子所理解。你甚至可以真的去找一位5岁的孩子,看看他是否能完全理解你所说的内容;如果不能,那么重新构思你的语言。

再进一步,你还可以写一个句子向一个外行解释你演讲的核心内容。再次重申,避免使用任何科学术语或让听众无法理解的词语。为了简化这一过程,你可以尝试使用"Up-Goer Five"文本编辑器[2],它的限制是只能使用英语中最常用的1 000个单词。这个实用工具的灵感来自xkcd.com中的一组极为有趣的连环漫画[3],这组漫画只使用英语中最常用的1 000个单词来描述土星5号运载火箭。当你构思完句子后,你可以尝试向普通人讲述,看看他们能否理解。如果不行,请继续尝试。

继续这个练习,这次写两个句子,其中一个句子是向具有普通科学背景的听众总结你的演讲,另一个是向高度专业化的听众进行解释。和上面的练习一样,你可以在对应的听众群体中尝试这些,这将有助于你形成演示文稿的叙述主体(针对不同基础的听众)。

当你考虑听众状态时,应该避免陷入过分关注听众理解力与让听众完全困惑的双重陷阱。当听众很多时,你可能很难满足每个人的需求,但通过考虑演讲厅内大部分人的专业背景,你应该能够很好地保持住他们的注意力。

　　考虑听众不仅要用他们能够理解的语言说话，还意味着你需要突出你工作中最能令他们感兴趣和最吸引他们的方面。例如，如果你只是简略地告诉听众"你用仪器来研究溶洞里滴水的化学成分"，那不如告诉他们"你通过研究溶洞里滴水的化学成分来了解过往的气候状况"，这会更能引起他们的兴趣。同时，你还需要考虑，对听众来说你要讲的哪些内容可能需要更多细节，而哪些内容可以弱化。例如，如果你的演讲是关于气候变化对鸟类迁徙模式影响的研究，那么相比于那些不具备鸟类栖息地或鸟类行为知识的气候变化科学家，面对具有完备专业知识的研究人员的演讲就可以减少有关研究背景的介绍和解释。

　　最后要考虑的一个问题是学术演讲中使用的术语。在演讲中让听众对你的主题失去兴趣的最快方式，就是使用大量听众不熟悉的术语。引入新术语本身没有任何问题，但重要的是你要解释其含义，理想情况是通过上下文语境来定义。同样重要的是要记住，术语并不仅仅意味着生僻的单词，也可能是根据专业领域具有不同含义的单词或短语。例如，如果你提到"很长的时间尺度"，那么对气象学家和古生物学家而言，对这个术语的理解会有很大差异。

4.2.3　自我管理

　　高效沟通三角形的第 3 个要素是你本身。如果没有你，就没有任何演讲。这其中很重要的是你要花很多时间来考虑如何表达你自己，就像对待听众和演讲的叙述方式一样。

　　首先，管理或呈现自我这个概念看起来很抽象。但是，它也很容易用一组符号来表达，如图 4-3 所示。如果你能够把握住所有这些要素，那么你将成功地实现自我管理。请依次完成下列目标：

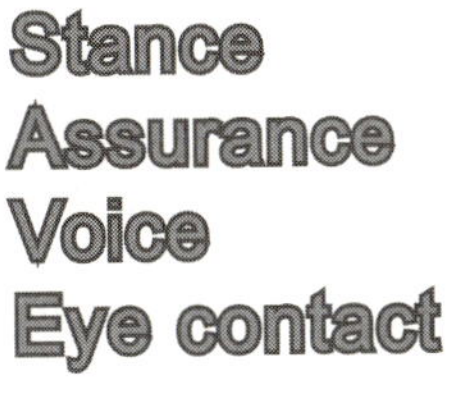

Stance
Assurance
Voice
Eye contact

图 4-3　"SAVE"（拯救）自我

　　站姿（Stance）——站姿至关重要，可以提升你的自信和演讲中听众对你的信心。

　　自信（Assurance）——不要将自信与傲慢或自大相混淆。你的举止应该突出你在演讲中的权威性，同时表现出平易近人的一面。最重要的是要表现得自然。

声音（Voice）——你的声音是你可以使用的最万能的、同时也是最重要的工具。花点时间去了解你自己的声音。考虑你的音高、节奏、音调或音量如何影响你的表达，并始终记得正确地使用它。

目光接触（Eye contact）——你在演讲时至少尝试与报告厅中的每个人进行一次目光接触。但是要注意，不要过于强烈，也不要长时间盯着一个人。

如果你是一个平时就大量使用手势的人，那么在演讲时你可以自然地使用它们。因为如果你不这样做，你可能觉得不自然，这会影响你的自信并最终导致你表现较差。同样地，如果你是一个通常不怎么使用手势的人，那么就不要勉强在演讲中使用手势，因为它们会对你和听众都造成不必要的干扰。

也许有人建议你可以在演讲中加入一些个人风格，其实有很多听众还很喜欢这一点。但在此过程中，你需要考虑到听众和你自身的想法。不要做任何你自己感觉不自然或者尴尬的事情，因为这些都很容易被听众觉察到。做一个自信的演讲者并不意味着你必须是一个外向的人，而是以你自己感觉舒适的节奏进行演讲。例如，幽默可以被非常有效地用于叙述中，一些演讲者使用幽默来产生很好的效果，而有些演讲者则应该避免使用它。

关于以上这些概念，还有更多详细描述，请点击观看视频：http://ej.iop.org/images/books/978-0-7503-1170-0/live/bk978-0-7503-1170-0ch4f3.m4v.

4.3 应对紧张情绪

紧张是你在做演讲时需要考虑的主要事情之一。具体来说就是如何应对怯场。关于这个问题，一个老生常谈的说法是每个人都会紧张，而你只需要控制紧张情绪，把精力集中到做一个精彩的演讲上去。虽然这些都没错，但并不特别实用，也不会对许多想成为成功演讲者的人有所帮助。因为他们虽然完全有能力理性地对待自己的恐惧感，但仍然无法控制它们。

准备演讲的最好方法就是反复练习，直到演讲的内容和过程烂熟于心。一般来说，演讲前的紧张和焦虑是来自对未知情况的担忧，所以如果你对演讲的内容和过程足够自信，那你就不太会感到紧张了。

反复练习你的演讲，直到你可以脱稿演讲，这样可以极大地帮助你缓解紧张情绪并加强你与听众的互动。毕竟，如果你没有携带任何笔记，那么场上焦点就一直在你自己身上。同样的，建议不要准备演讲稿，因为如果你在演讲时思路中断或意外地偏离了事先准备的文稿内容，将会影响你的演讲并进一步导致紧张情绪的产生。

练习演讲的最有效的方法是重复演练5 ~ 10次，每次针对一些关键词和短语进行反复练习。这会让你找到最自然的表述方式，并且让你在演讲过程中回忆内容时也处于最放松的状态。练习中不使用幻灯片也是一个好主意，因为这样可以让你记住演讲过程中内容转换的过程及位置，而不会过度依赖幻灯片的视觉辅助。

如果你在一小群听众前演讲不会感到焦虑，而一旦面对很多听众进行演讲时就感到恐惧的话，这里推荐几个方法可以帮助你克服烦恼。一种方法是，如果你有宽裕的时间，那么可以在练习中逐渐增加听众的数

量。从让你感觉舒服的听众数量开始，逐渐增加，直到你可以在一个房间里对20～30个人进行演讲，比如在研究小组的每周例会上。接下来可能很难在更大的听众群体面前练习了，但在此之前你逐渐积累的信心已经可以让你直接面对一个更大的听众群了。另一个方法是当你面对大量听众演讲时，记住你的朋友或者同事在观众席中的位置。你首先把注意力集中在他们身上，逐渐建立起信心，再扩展至其他观众。无论你做什么，都不要通过假想一些奇怪的事情来缓解你的紧张情绪，这只会把事情变得更糟。

在演讲前进行冥想也是一种缓解紧张的有效方法。如果你能在演讲厅附近找到一个安静的地方，即使只有几分钟时间，你也可以通过冥想进行精神放松并整理你的思绪。

总的来说，最重要的是做你自己。如果可以确保做到这一点，那么你会发现你的紧张情绪将大大减弱。

4.4　修　　辞

古希腊哲学家亚里士多德将修辞定义为"在任何情况下都能找到说服别人的方法的那种能力"。修辞在古希腊不受欢迎，因为它常常是"花言巧语"，是演讲者用于宣传他们的主观思想而不是客观真理的工具。然而，亚里士多德看到了修辞的必要性，它不仅是被那些只为自我服务的人所利用的有效工具，还可以被那些追寻绝对真理的人所用。虽然如今修辞学可能被许多人视为"没有鲜明风格与没有实质内容"的代名词，或被视为政治家和蛇油推销员的专属工具，但是实际情况并非如此。正确理解修辞的3个基本要素是非常有用的，学会驾驭它们可以让你的交流变得更加高效和发人深省。

品德（Ethos）指演讲者向听众展示自己的个性或可信度。比如，在申请工作时，你希望面试官相信你适合这个岗位，你也许会利用以往的经验和所担任过的职责来解释你的确已拥有必要的专业知识。

逻辑（Logos）指一种通过理性说服观众的方式。比如，当你逐步地向听众解释数据的有效性时，你可以逐渐剔除所有关于你的观察结果的真实性和可重复性的疑虑。

激情（Pathos）是通过产生情绪反应来说服观众的一种方式。比如，当与亲人争吵时，你可能会选择回忆一个特别伤心的例子，来表明他们曾经让你失望过。重要的是要记住，这里的激情指的是所有情绪，而不仅仅是积极情绪。

虽然修辞通常认为是被用于构建故事的，但其实在你与观众的互动以及自己的思考中，修辞也经常能被用上。例如在英国，许多政要和名人在"休战纪念星期日"前后接受采访时会佩戴罂粟花，这向听众表明他是尊重别人的（品德），同时也能令听众产生情绪反应（激情），这都取决于在那种情景下人们产生的与罂粟相关的联想。

4.5　利 用 工 具

有这样一句众所周知又带有沙文主义色彩的话："劣匠总怨工具差"，这话用在演讲上犹为正确。在演讲界流行着"PPT文稿，害死人""所有糟糕的演讲，都是PPT文稿惹的祸"这样的说法。但事实上，PowerPoint软件真正的过错在于它是一个功能多样且易于使用的工具包。

PowerPoint软件用得不好的确会令人厌烦和恼怒，但如果使用得当，它可以成为一种特别有效的工具，可以确保你的演讲以一种引人入胜、信息丰富的方式进行下去。虽然市面上有许多关于如何创建有效的PPT文稿的书籍，但这里提供的一些建议将有助于你从这个"演讲替罪羊"那里获得最大收益：

（1）**PPT文稿不是支柱**。PPT文稿最多只能作为一种视觉辅助备忘录，PowerPoint是一个软件，而不是一个有感知的存在。演讲最终是由你来完成，而不是这个软件（如果你是Mac用户，这个工具则为Keynote）。

（2）**一张图能胜过千言万语**。如果图表能够更有效地表达你的意思，为什么还要使用文字来描述呢？使用插图意味着观众能够在看图的同时还能充分倾听你的演讲，而不是在试图阅读屏幕上的文字时忽略或遗漏你陈述的内容。

（3）**避免让PPT文稿变成卡拉OK**。如果你必须使用文稿，千万不要按照上面的内容逐字阅读，听众完全有能力自己阅读。

（4）**在最后一张PPT文稿中展示演讲的要点**。一旦确定了演讲的主要信息，请将它们逐点列出，并将它们放在最后一张PPT文稿里。你不需要读出这个内容，但听众会感谢你提供了一个容易引起他们注意的且有用的总结。

（5）**请使用拼写检查工具**！没有什么比带有拼写和语法错误的PPT文稿更不专业的了。请花些时间确保文稿中没有这些错误，如果可能的话，请让其他人协助检查。

（6）**认真思考文稿的设计**。仔细地挑选你的文稿主题。有关配色方案的具体建议，请参阅第4.8节，但选择一种可以从远处轻松阅读的配色方案是非常重要的。同样的，建议使用一种易于阅读的字体，并始终保持一致。在理想情况下，所有文稿都应具有相似的布局，并且尽可能对每一页文稿进行编号，因为这样可以让观众更容易记下任何一处他们可能想与你讨论的内容。

（7）**确保一切正常**！一定要花时间去确保你的文稿（包括任何视频或音频）能正常播放。尽早到达现场并完成所有设置，以避免任何不必要的技术干扰。同样重要的是确保图像不会出现马赛克，并且确保为投影仪选择了正确的长宽比。

当然，PowerPoint（或Keynote）并不是唯一可供使用的演示软件。建议你尝试使用多种不同的软件，直到找到最适合你并能为你的演讲提供最大保障的软件。下面列出了3个值得尝试的软件：

Prezi[4]：与PowerPoint软件不同，Prezi不限于矩形幻灯片。相反，它专注于不同形状和大小的框架构造，可以随意缩放以创建完美的视觉效果。但是需要注意一点：不要过度使用缩放功能（对PowerPoint软件中的动画也是如此），因为这可能会让你的听众感到非常难受。

Kahoot![5]：是一款免费的互动软件，能让听众使用智能手机进行投票或回答问题，只要有智能手机就够了，不需要任何其他花哨的设备。它的另一个好处是可以下载听众的响应数据以供后续分析。如果使用

Kahoot!，请记得检查会场是否有可供使用的Wi-Fi或互联网连接，并且有足够的3G或4G信号（或易于访问的Wi-Fi连接）供听众们使用。

Poll Everywhere[6]：与Kahoot!相似，它也鼓励听众使用他们的手机在演讲过程中进行互动。与Kahoot!不同的是，它还支持使用短信，因此没有智能手机的听众也可以参与其中。它有一个免费版本的软件，但是对于数量较大的听众群体，需要有付费的专业版使用许可。对于演讲者而言，良好的Wi-Fi或互联网信号连接也是必不可少的。

最后，你应该考虑不使用任何演示文稿，专注于以有效和引人入胜的方式来向听众传递你的信息。你也可以考虑使用单独的一幅图来总结你演讲的主要信息。无论你决定使用哪种演示软件，重要的是找到一个让你觉得舒服的软件，这将有助于强化你的叙述，而不是淡化它或导致观众分心。

4.6　掌　握　时　间

演讲经常都被要求在有限的时间内完成。如果是这种情况，请务必把控好时间。超出时间是非常不礼貌的，它似乎会给人一种"你所说的话比别人说的都更有价值"的印象。即使你自己（或者你的导师）这样认为，事实也并非如此。在学术会议上，会议主持者要确保会议进度，一旦你的规定时间到了，你就不应该等他们朝你喊叫并把你从讲台上"赶下来"才罢休。为了避免发生这种情况，你在练习演讲时就要牢记时间。不要在台上停留过久，免得不受欢迎。

为了完美地把控你的演讲时间，建议你在开始练习时借助清晰可见的计时器进行计时。随着你对演讲时间的信心不断增强，你会越来越少地查看计时器，直到你不再需要它为止。当你真正进行演讲时，会议主席或者组织者通常会在时间剩余2分钟或更早（具体取决于报告的长度）时给你一个提示。如果他们没有这样做，你可以提前提出要求，因为这将有助于你集中注意力。许多演讲场合都会提供某种形式的计时器，供你在整个演讲的过程中参考。你需要记住的是，当你进行演讲时，肾上腺素会让你的讲话速度变得比平时快。这个现象供你参考，但你不能依赖它，也就是说不要为15分钟的演讲时间准备20分钟的展示，并期待神经反应来让你的说话速度加快。

4.7 回答问题（与提问）

关于演讲，最让人紧张的一个部分就是你需要回答与你演讲内容有关的问题。在大多数情况下，在你演讲结束时有正式的问答环节，尽管有时候（通常在非正式的演讲中，例如小组会议），你可能会在演讲过程中被提问。当你遇到中途被提问打断的情况时，特别要注意，不要让一个很难回答的问题导致你感到心烦焦虑或打乱你的演讲节奏，因为你接下去要讲的内容仍然与之前是相关的。

以下给出了一些关于如何应对提问的有效建议。关于这些建议，关键的是自己首先要尝试一下，这样才可以找到适合自己的最佳组合：

（1）在可能的情况下同时回答3个问题，这是政治家常用的一种技巧。这样做可以让你首先回答最简单的问题，并让你有时间思考比较困难

的问题。

（2）如果在一个正式的提问环节中你对某些问题的答案没有十足的把握，那么你可以提出与提问者"会后"交流。这意味着你可以在演讲结束之后，在一对一的环境中（例如在会议的茶歇时间）与他们交流。这将给你更多的时间思考问题，并可能会产生更有价值的讨论。

（3）如果你对一个问题的回答把握不是很大，但仍想回答它，那么试着稍微转换一下这个问题，这将使你的回答能集中于你更熟悉的方面，同时提问者也会因问题得到了答复而感到满意。

（4）如果你完全不知道一个问题的答案，可以坦诚地表示不知道。没有人知道所有答案，可能提问者的角度是你以前没想过的。你可以提出与提问者"会后"交流，进一步探究他们的思路，这也许会有助于你的研究，当然也有可能他们只是误解了你所说的。

（5）准备好附加资料。如果你知道你的演讲可能会引出一些问题，而这些问题你无法在指定的时间段内讲解，则可以准备一些附加材料（无论是以附加的演示文稿、讲义，或只是一个事先预备好的内容），以便当别人举手提问时你可以回答他们。

（6）准备好你认为可能会被问到的问题的答案。在准备演讲的过程中，你肯定会知道哪些部分可能需要进一步解释，或者哪些部分可能是最有争议的。在你做真正的演讲前，如果你有时间，可以事先在一些友好的同事面前练习，看看你是否可以回答他们的提问。

学习如何提问和如何回答问题几乎同样重要。下面列出的"**要**"和"**不要**"，将有助于你和其他科学家进行深度交流：

要确保在你提出问题之前，加上对报告内容或演讲者演讲效果的称赞。相信你在做演讲时，也会有同样的期待。

要对演讲做好笔记，并列出你在提问环节想要提出的合适的问题。如果你是会议主持者，这一点尤为重要，因为有可能在演讲后没有人提问，那时你需要提问。

要考虑可在演讲结束后与演讲者交谈，而不是在提问环节中。尤其是如果你有一个比较难的问题，或者有多个问题需要进一步讨论。

不要仅仅为了让其他人知道你一直在听或认为你在这个领域比较专业，而去提问题。

不要用提问来为自己的科研工作做广告，你可以在自己的演讲中去说。

不要问任何你无法简明扼要地表达出来的问题。

4.8 墙报设计及规范

墙报展示往往被视为不及口头陈述报告重要，特别是在大型的学术会议上。然而，情况并非如此，通过墙报展示，你可以在非正式和更轻松的环境中，更详细地与听众讨论你的研究。与口头报告一样，你应该遵循一些常见的"要"和"不要"，以确保你的墙报能脱颖而出，并且最大限度地利用好你的时间：

要利用墙报的结构来叙事。考虑布局，以合乎逻辑的方式将内容呈现给读者，从原理和结果到分析和结论。

不要有太多的文字。你的墙报应该主要通过图表来突出你所做的工作，并配上几行说明性的文字。通常情况下，你会在墙报展示的地方与读者展开关于研究细节的讨论。你可以准备一些讲义，为读者提供更多信息。

要在规定的时间内站在墙报旁边。即便开始时没人对你的墙报感兴趣，这可能是因为你的位置在队尾，或者因为大会中某个并行小会场超时了。

不要采用所在研究小组中其他人过去已经用过的设计模板。可以考虑使用关于你研究的图片，并添加个性化元素。当然不要遗漏那些重要的标志，例如资助机构或研究所的标志。

要带上你的名片和墙报的PDF打印件，方便读者之后和你联系。你也可以在非墙报交流时间或你短暂离开时，将这些东西留在你的墙报旁边。

不要使用难以阅读的配色方案。主题背景和文字的颜色要有反差，保证读者能够看得清。当然，颜色使用也不能过度，因为它很容易分散注意力。

要认真考虑字体和颜色的使用，某些字体如Comic Sans，很难阅读，应该完全避免使用。The Elements of Style网站[7]对于如何使用图形设计来提高墙报的沟通效果，提供了一些极好的建议。

要保持微笑并显示出积极友善，以吸引别人停下来和你交流。

不要在观众一站到墙报前就试图讲解。让他们有机会先阅读你的墙报，并且让他们知道你会在那里回答他们可能提出的任何问题。请记住，你是一位科学家，而不是精品珠宝店的销售员。

要花点时间了解你的读者。在口头报告中，你通常必须对听众的科学背景进行猜测。而在墙报展示中，你可以直接询问你的读者。这可以减少尴尬，否则你可能会浪费很多时间向一个专家解释你所在研究领域的一个基本原理。

练习：你来当裁判

图4-4～图4-6展示了3张墙报。你认为其中哪一个最严格地遵守了上述所列的好墙报的设计规则？哪个墙报会最受关注？你会对这些墙报有什么改进建议？你认为好的设计和故事叙述体现在哪些方面？

现今一些会议会提供口头和墙报联合展示的模式，演讲者可以在墙报展示前，用1～2分钟的时间在会议上口头宣讲一下墙报内容。会议方会要求墙报展示者将15分钟的内容压缩成60秒的快速演讲。你可不要把这个看成一种困难挑战，相反，这恰恰是一个能抓住听众眼球、激发听众兴趣、鼓励听众深入探索的良机，从而可以让听众们在随后的墙报展示环节上得到满足。

一些墙报分会场现在还会采用新的数字化技术，演示者需要使用交互式触敏屏幕展示他们的工作。与学习使用正确的工具进行口头陈述一样，掌握相关工具（例如HTML5）是非常重要的，这样演示者就可以利用它们以最有效、最符合逻辑和最令人赏心悦目的方式去表达。

4.9 小 结

本章讨论了成为自信的且具有吸引力的演讲者所必需的技能组合。为了成为一个高效沟通者,你需要顾及听众、叙事方式和你自己。同时,修辞是一种非常有用的工具,它可以让人们倾听你所说的内容。此外一定要记住,PowerPoint软件(或者任何其他演示软件)不会代替你去演讲。本章还讨论了问答环节和墙报展示等相关内容。如果你花时间完成了本章所有的练习,那么你很快就能成为一流的演讲家。这里唯一一点需要记住的诀窍就是:熟能生巧。

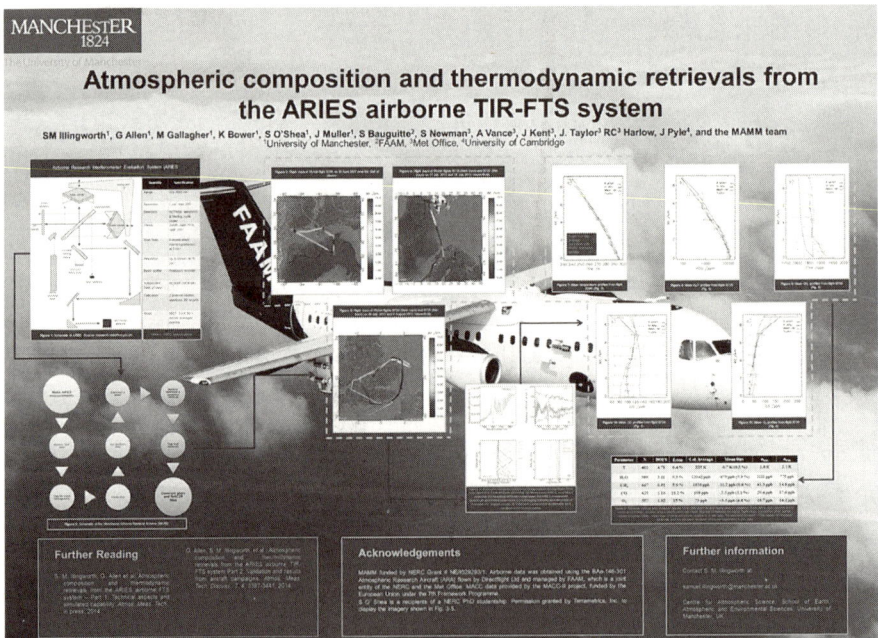

图4-4 墙报1(经英国曼彻斯特大学大气科学中心许可复制)

Long-Term Satellite Monitoring of (Essential) Climate Variables With The ATSR and IASI instruments

University of Leicester

NATURAL ENVIRONMENT RESEARCH COUNCIL

John Remedios[1], Karen Veal[1], Sam Illingworth[1], Gary Corlett[1] and David Llewellyn-Jones[1]
1. EOS, Department of Physics and Astronomy, University of Leicester, UK; jjr8@le.ac.uk

Introduction

Long-term monitoring of Climate requires Fundamental Data Records (FCDRs) which can provide the anchor for climate date sets, whether Essential Climate Variables (ECVs) or variables for testing climate models. In the case of satellite datasets the Fundamental Climate Data Records (FCDRs) are records of radiances or brightness temperatures (BTs), such as the ATSR BT dataset or the record of IASI measured radiances. The Thematic Climate Data Records (TCDRs) of geophysical variables are derived from the FCDRs: the ATSR sea surface temperature (SST) record is such a TCDR.

FCDRs need to meet the GCOS Climate Monitoring Principles as far as possible and certainly to denote a long-term data record, involving a series of instruments, with potentially changing measurement approaches, but with overlaps and calibrations sufficient to allow the generation of homogeneous products providing a measure of the intended variable that is accurate and stable enough for climate monitoring. Long-term data sets and cross-calibration are critical.

The SST ECV is important because it evidences surface temperature warming, it provides a time series of SST for model evaluation and for forcing climate models, and it can deliver estimates of temperature trends given an understanding of SST variability.

This poster illustrates on-going FCDR work for Sea Surface Temperature (SST) and calibrated Brightness Temperatures (BTs) utilising the Along-Track Scanning Radiometer (ATSR) instruments and the Infrared Atmospheric Sounding Interferometer (IASI).

The ATSR Instruments

The 3 ATSR instruments (ATSR-1, ATSR-2, and AATSR) provide a long-term record of SST and BTs dating from 1991, with AATSR delivering data potentially until 2013. These records will be extended from 2013 by the SLSTR instrument on Sentinel-3.

Currently ATSR provides a satellite skin SST dataset as required for the SST ECV. The instruments provide an "accurate" reference at the expense of restricted coverage. Typically, ATSR BTs and SSTs are believed to be accurate to 0.2 K, with time dependent errors thought to be less than 0.1 K over the lifetime of each instrument.

This excellent performance needs to be set against the interannual variations observed in global mean SST, which have reached up to 0.6 K (1997/8 El Nino) but typically are closer to 0.2 K. The overlap periods between ATSR-1 and ATSR-2, and ATSR-2 and AATSR, are currently being examined in some detail as they provide the crucial ties which determine absolute biases in the record.

Time Series of SST Anomaly

The time series of SST anomalies shown in Figure 1 and Figure 2 are the first time series of skin SST anomalies derived from the consistently processed ATSR SST Version 2.0 dataset.

Figure 1: A time series of global mean, monthly average SST anomaly. The El Niño of 1997/1998 was the largest on record and can be seen as an increase in SST anomaly during the ATSR-2 mission. The second largest La Niña recorded in 2007/2008 and is seen in the AATSR record.

The SST anomalies are calculated by subtracting the Reynolds Optimally Interpolated Climatology for 1971-2000 (Reynolds et al, 1995) from the (A) ATSR SSTs. The subtraction of the climatology removes most of the variation due to the seasonal cycle which dominates time series of SST.

The global mean SST anomaly has been calculated from SST anomalies on a 5° x 5° longitude-latitude grid. Only grid boxes that have data for all the months used in the construction of the time series are used in calculation of the global mean. This avoids calculating the global mean using different locations in different months and the subsequent possibility of introducing spurious trends.

A simple empirical bias correction has been applied to the AATSR time series as a correction for the known spectral bandwidth anomaly in the filter profile of the 12 micron detector. The time series of global mean SST anomaly (Figure 1) spans a period of large natural variability in global average SST.

The eruption of Mount Pinatubo in May 1991, shortly before the start of the ATSR-1 mission, resulted in cooling of SSTs (Reynolds,1993). The El Niño of 1997/1998 was the largest on record. The 2007/2008 La Niña, the second largest on record is also evident.

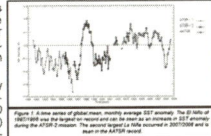

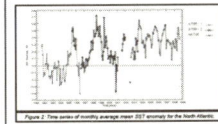

Figure 2: Time series of monthly average mean SST anomaly for the North Atlantic.

The time series of mean SST anomaly in the North Atlantic (Figure 2) shows the Atlantic has warmed over the period of the (A)ATSR mission and that although the 1997/1998 El Niño is evident in this time series it is preceded by a period of warming of comparable amplitude.

Climate Radiance Time Series

Although not directly an ECV, climate radiance monitoring is regarded as increasingly important.

Long-term climate radiances will be used as geophysical products for direct testing of the outputs of global climate models.

Spectrally resolved radiances such as those that will be produced by the 15+ year record of IASI instruments can be used to study directly the long-term radiance change over decades.

The accuracy of radiances has a direct impact on the accuracy of climate variables such as surface and air temperature, and humidity.

Cross-calibration of long-term accurate ATSR radiometer data with spectrally resolved IASI data will provide a fundamental link between two FCDRs with strong benefits for climate research.

The IASI Instrument

The Infrared Atmospheric Sounding Interferometer (IASI) instrument is a FTS onboard the MetOp-A satellite, which measures thermal IR radiation in the atmosphere. IASI utilises a step by step scanning mirror to achieve a swath width of 2200 km, and twice daily global coverage (99%); the viewing geometry of the IASI instrument is shown in Figure 3.

Figure 3: Viewing geometry of the IASI instrument

The IASI instrument has a maximum spectral resolution of 0.25 cm⁻¹, and a spectral range of 645-2760 cm⁻¹. It is designed to be calibrated to an absolute brightness temperature of at least 1 K (objective 0.5 K).

IASI will also operate on the two subsequent satellites of the MetOp programme, with the resulting record of spectrally resolved radiances due to span at least 15 years.

IASI-AATSR Cross-Calibration

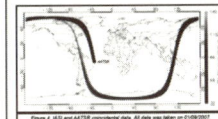

Figure 4: IASI and AATSR coincidental data. All data was taken on 08/07/2007.

By applying the AATSR spectral filter function to the IASI measured radiances we are able to compare AATSR and IASI BTs.

The mean AATSR BTs within each IASI pixel were compared to the IASI equivalent BTs, for data which were both spatially and temporally coincident (less than 20 minutes discrepancy), and for which the viewing angles of the two instruments differed by less than one degree.

This cross-calibration was initially done in cloud-free conditions. The results of this study are shown in Figure 5. These clear sky conditions were used to derive a threshold of homogeneity, which could then be applied to include fully cloudy scenes. In these homogenous conditions, the IASI BTs agree with those measured by the AATSR to within 0.3 K, with an uncertainty of order 0.1 K. These first results indicate that IASI is meeting its target objective of 0.5 K accuracy. The agreement is particularly good at 11 μm, where the tie to AATSR is likely to be better than 0.1 K.

Figure 5: Comparison of 11 μm and 12 μm IASI equivalent BTs and mean AATSR BTs in each IASI pixel, at 11 μm, b) 12 μm. All match-ups have been selected over the oceans and represent clear sky conditions, and have a total of 41 clear IASI pixels.

Acknowledgments

The authors would like to thank the DECC and NERC(DARC) for funding and ESA and the NEODC for access to ATSR data. Access to IASI data was provided as part of the SATSCAN-IR project selected by EUMETSAT/ESA under the first EPS/MetOp RAO.

National Centre for Earth Observation

References:
- Reynolds, R. W., and Smith, T. M., 1995 „A High-Resolution Global Sea Surface Temperature Climatology", Journal of Climate 8, 6: 1571-1584.
- Reynolds, R. W., 1993 „Impact of Mount Pinatubo Aerosols on Satellite-derived Sea Surface Temperatures", Journal of Climate 6, 4: 768-774.
- Corlescu, C., et al., 2007 „The IASI/MetOp1 Mission: First observations and highlights of its potential contribution to GMES2" Space Research Today, 168: 19-24
- Illingworth, S. M., et al. 2009 „Intercomparison of integrated IASI and AATSR calibrated radiances", ACPD, 9: 9101-9118

http://www.leos.le.ac.uk/

图4-5　墙报2（经英国莱斯特大学和国家地球观测中心许可复制）

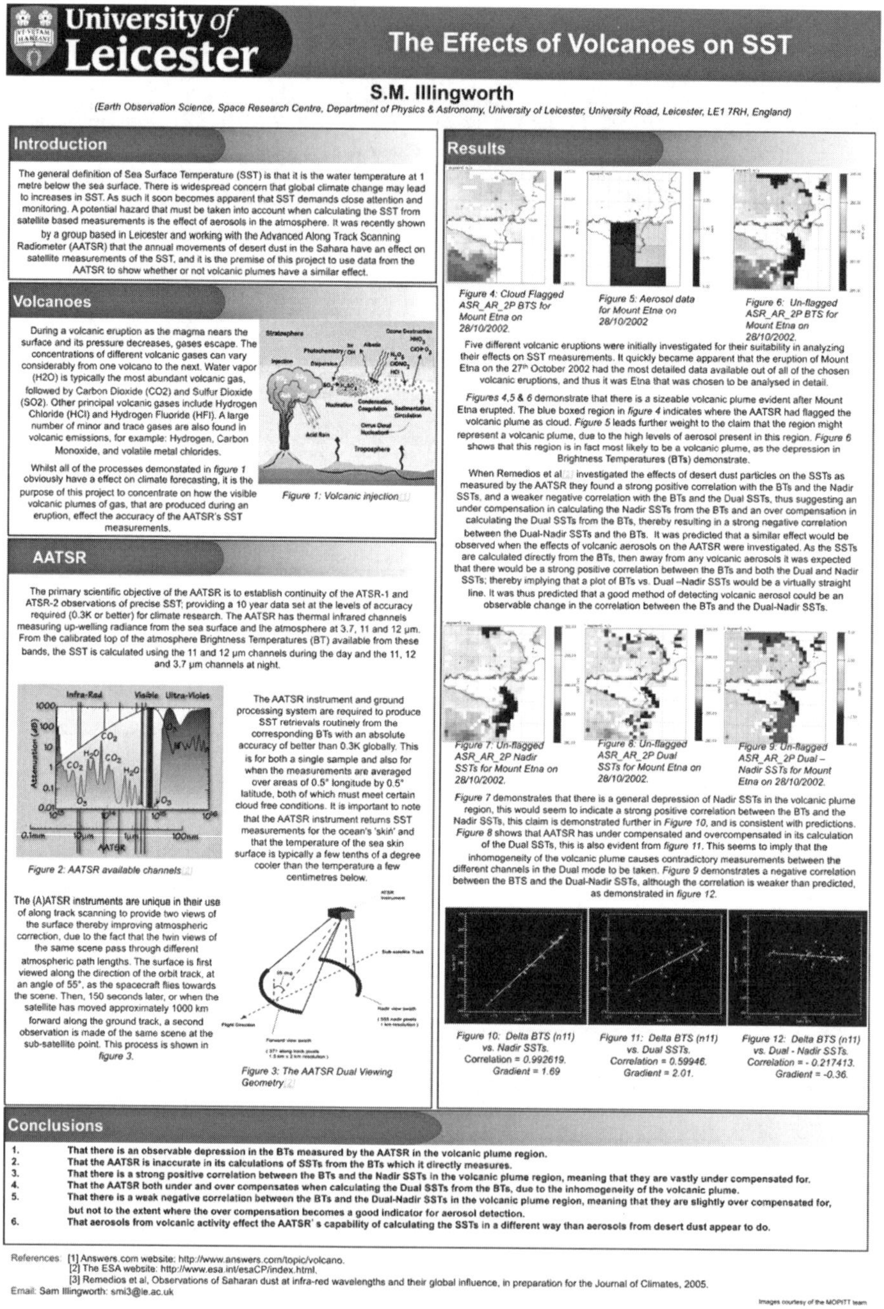

University of Leicester

The Effects of Volcanoes on SST

S.M. Illingworth

(Earth Observation Science, Space Research Centre, Department of Physics & Astronomy, University of Leicester, University Road, Leicester, LE1 7RH, England)

Introduction

The general definition of Sea Surface Temperature (SST) is that it is the water temperature at 1 metre below the sea surface. There is widespread concern that global climate change may lead to increases in SST. As such it soon becomes apparent that SST demands close attention and monitoring. A potential hazard that must be taken into account when calculating the SST from satellite based measurements is the effect of aerosols in the atmosphere. It was recently shown by a group based in Leicester and working with the Advanced Along Track Scanning Radiometer (AATSR) that the annual movements of desert dust in the Sahara have an effect on satellite measurements of the SST, and it is the premise of this project to use data from the AATSR to show whether or not volcanic plumes have a similar effect.

Volcanoes

During a volcanic eruption as the magma nears the surface and its pressure decreases, gases escape. The concentrations of different volcanic gases can vary considerably from one volcano to the next. Water vapor (H2O) is typically the most abundant volcanic gas, followed by Carbon Dioxide (CO2) and Sulfur Dioxide (SO2). Other principal volcanic gases include Hydrogen Chloride (HCl) and Hydrogen Fluoride (HFI). A large number of minor and trace gases are also found in volcanic emissions, for example: Hydrogen, Carbon Monoxide, and volatile metal chlorides.

Whilst all of the processes demonstated in *figure 1* obviously have a effect on climate forecasting, it is the purpose of this project to concentrate on how the visible volcanic plumes of gas, that are produced during an eruption, effect the accuracy of the AATSR's SST measurements.

Figure 1: Volcanic injection

AATSR

The primary scientific objective of the AATSR is to establish continuity of the ATSR-1 and ATSR-2 observations of precise SST; providing a 10 year data set at the levels of accuracy required (0.3K or better) for climate research. The AATSR has thermal infrared channels measuring up-welling radiance from the sea surface and the atmosphere at 3.7, 11 and 12 μm. From the calibrated top of the atmosphere Brightness Temperatures (BT) available from these bands, the SST is calculated using the 11 and 12 μm channels during the day and the 11, 12 and 3.7 μm channels at night.

Figure 2: AATSR available channels

The AATSR instrument and ground processing system are required to produce SST retrievals routinely from the corresponding BTs with an absolute accuracy of better than 0.3K globally. This is for both a single sample and also for when the measurements are averaged over areas of 0.5° longitude by 0.5° latitude, both of which must meet certain cloud free conditions. It is important to note that the AATSR instrument returns SST measurements for the ocean's 'skin' and that the temperature of the sea skin surface is typically a few tenths of a degree cooler than the temperature a few centimetres below.

The (A)ATSR instruments are unique in their use of along track scanning to provide two views of the surface thereby improving atmospheric correction, due to the fact that the twin views of the same scene pass through different atmospheric path lengths. The surface is first viewed along the direction of the orbit track, at an angle of 55°, as the spacecraft flies towards the scene. Then, 150 seconds later, or when the satellite has moved approximately 1000 km forward along the ground track, a second observation is made of the same scene at the sub-satellite point. This process is shown in *figure 3*.

Figure 3: The AATSR Dual Viewing Geometry

Results

Figure 4: Cloud Flagged ASR_AR_2P BTS for Mount Etna on 28/10/2002.

Figure 5: Aerosol data for Mount Etna on 28/10/2002

Figure 6: Un-flagged ASR_AR_2P BTS for Mount Etna on 28/10/2002.

Five different volcanic eruptions were initially investigated for their suitability in analyzing their effects on SST measurements. It quickly became apparent that the eruption of Mount Etna on the 27th October 2002 had the most detailed data available out of all of the chosen volcanic eruptions, and thus it was Etna that was chosen to be analysed in detail.

Figures 4,5 & 6 demonstrate that there is a sizeable volcanic plume evident after Mount Etna erupted. The blue boxed region in *figure 4* indicates where the AATSR had flagged the volcanic plume as cloud. *Figure 5* leads further weight to the claim that the region might represent a volcanic plume, due to the high levels of aerosol present in this region. *Figure 6* shows that this region is in fact most likely to be a volcanic plume, as the depression in Brightness Temperatures (BTs) demonstrate.

When Remedios et al investigated the effects of desert dust particles on the SSTs as measured by the AATSR they found a strong positive correlation with the BTs and the Nadir SSTs, and a weaker negative correlation with the BTs and the Dual SSTs, thus suggesting an under compensation in calculating the Nadir SSTs from the BTs and an over compensation in calculating the Dual SSTs from the BTs, thereby resulting in a strong negative correlation between the Dual-Nadir SSTs and the BTs. It was predicted that a similar effect would be observed when the effects of volcanic aerosols on the AATSR were investigated. As the SSTs are calculated directly from the BTs, then away from any volcanic aerosols it was expected that there would be a strong positive correlation between the BTs and both the Dual and Nadir SSTs; thereby implying that a plot of BTs vs. Dual –Nadir SSTs would be a virtually straight line. It was thus predicted that a good method of detecting volcanic aerosol could be an observable change in the correlation between the BTs and the Dual-Nadir SSTs.

Figure 7: Un-flagged ASR_AR_2P Nadir SSTs for Mount Etna on 28/10/2002.

Figure 8: Un-flagged ASR_AR_2P Dual SSTs for Mount Etna on 28/10/2002.

Figure 9: Un-flagged ASR_AR_2P Dual – Nadir SSTs for Mount Etna on 28/10/2002.

Figure 7 demonstrates that there is a general depression of Nadir SSTs in the volcanic plume region, this would seem to indicate a strong positive correlation between the BTs and the Nadir SSTs, this claim is demonstrated further in *Figure 10*, and is consistent with predictions. *Figure 8* shows that AATSR has under compensated and overcompensated in its calculation of the Dual SSTs, this is also evident from *figure 11*. This seems to imply that the inhomogeneity of the volcanic plume causes contradictory measurements between the different channels in the Dual mode to be taken. *Figure 9* demonstrates a negative correlation between the BTS and the Dual-Nadir SSTs, although the correlation is weaker than predicted, as demonstrated in *figure 12*.

Figure 10: Delta BTS (n11) vs. Nadir SSTs. Correlation = 0.992619. Gradient = 1.69

Figure 11: Delta BTS (n11) vs. Dual SSTs. Correlation = 0.59946. Gradient = 2.01.

Figure 12: Delta BTS (n11) vs. Dual - Nadir SSTs. Correlation = - 0.217413. Gradient = -0.36.

Conclusions

1. **That there is an observable depression in the BTs measured by the AATSR in the volcanic plume region.**
2. **That the AATSR is inaccurate in its calculations of SSTs from the BTs which it directly measures.**
3. **That there is a strong positive correlation between the BTs and the Nadir SSTs in the volcanic plume region, meaning that they are vastly under compensated for.**
4. **That the AATSR both under and over compensates when calculating the Dual SSTs from the BTs, due to the inhomogeneity of the volcanic plume.**
5. **That there is a weak negative correlation between the BTs and the Dual-Nadir SSTs in the volcanic plume region, meaning that they are slightly over compensated for, but not to the extent where the over compensation becomes a good indicator for aerosol detection.**
6. **That aerosols from volcanic activity effect the AATSR's capability of calculating the SSTs in a different way than aerosols from desert dust appear to do.**

References: [1] Answers.com website: http://www.answers.com/topic/volcano.
[2] The ESA website: http://www.esa.int/esaCP/index.html.
[3] Remedios et al, Observations of Saharan dust at infra-red wavelengths and their global influence, in preparation for the Journal of Climates, 2005.

Email: Sam Illingworth: smi3@le.ac.uk

Images courtesy of the MOPITT team

图4-6　墙报3（经英国莱斯特大学和英国国家地球观测中心ATSR研究组长团队的许可复制）

后续学习

　　本章节的后续学习与你的演示技能相关,并促使你进一步思考在演讲中哪些是有效的、哪些是无效的。

　　1. 自我反思:回想一下你最近做过的一次演讲,回顾一下你当时是如何叙述、又是如何应对听众反应和管理你自己的。花一些时间来反思你是否对高效沟通三向法中的每个要素都给予了足够的重视。哪些方面你做得特别好,而哪些方面是你在下一个演讲中应该改进的?

　　2. 给自己录像:下一次做演讲之前,在练习时给自己做个录像。然后回放记录,看看你是否把"SAVE"里的所有要素都考虑进去了。确认你的叙述是否简洁并有逻辑、内容是否适合目标听众。留意这些要素,再多练习几次,然后再录像。当你看下一次记录时,看看你是否已经掌握了自己的叙述方向,你会对你自己的进步感到惊讶的。

　　3. 向最佳示范者学习:当你下次观看政治家发表公开演讲时(无论是在现场还是通过电视),试着将他们的信息分解为3种不同形式的修辞。注意思考他们什么时候激发了你的热情?什么时候对故事逻辑进行了清晰的表述?什么时候强调了他们的品德?你很快就会意识到,许多政治家都是擅于运用修辞来进行微妙操纵的专家。

阅读建议

　　有许多书籍和网站致力于帮助你成为一个更好的公众演讲者,而一些非常好的资源是可以直接通过"技术、娱乐方式和设计(Technology, Entertainment and Design, TED)演讲秀"等来免费获取的。其中一个最好也是最有效的是由一位音频专家Julian

Treasure 所做的演讲，题为 "How to speak so that people want to listen"[8]。

如果你想进一步获得设计美观的演示文稿和墙报方面的指导，这里推荐一本书 *Designing Science Presentations: A Visual Guide to Figures, Papers, Slides, Posters, and More*[9]。还有一些简短而有用的论文，介绍如何使用演示文稿[10]和墙报[11]进行有效沟通。

如果你有兴趣更多地了解修辞的话，最好的方式是参考修辞学本身。亚里士多德的《修辞学》(*Rhetoric*)[12]是一本真正令人震撼的书，除了扩展本书讨论的概念之外，它还提供了关于如何在爱情、战争以及介于其间的一切中生存的建议。

参考文献

[1] Peck E, Dickinson H. Performing leadership[M]. London: Palgrave Macmillan, 2009.

[2] Up-Goer Five, 2016. http://splasho.com/upgoer5/.

[3] xkcd Up-Goer Five, 2016. http://xkcd.com/1133/.

[4] Prezi, 2016. https://prezi.com/.

[5] Kahoot!, 2016. https://getkahoot.com/.

[6] Poll Everywhere, 2016. https://www.polleverywhere.com/.

[7] The Elements of Style, 2016. https://science.nichd.nih.gov/conuence/display/∼jonasnic/Elements+of+Style.

[8] Treasure J. How to speak so that people want to listen, 2016. TED[R/OL]. https://www.ted.com/talks/julian_treasure_how_to_speak_so_that_people_want_to_listen?language=en.

[9] Carter M. Designing science presentations: A visual guide to figures, papers, slides, posters, and more[M]. San Diego: Academic Press, 2012.

[10] Collins J. Education techniques for lifelong learning: Giving a PowerPoint presentation: The art of communicating effectively [J]. RadioGraphics, 2004, 24(4):1185−1192.

[11] Erren T C, Bourne P E. Ten simple rules for a good poster presentation[J]. PLoS Computational Biology, 2007, 3(5):e102.

[12] Aristotle. Rhetoric[M/OL]. Roberts W R, Engl. transl. Adelaide: The University of Adelaide, 1991. https://ebooks.adelaide.edu.au/a/aristotle/a8rh/index.html.

| 第 5 章 |

科普推广和公众参与

科学是任何社会都必不可少的工具。但是除了科学家，还有谁会把科学带给大众？

——卡尔·萨根（Carl Sagan）

5.1 引 言

为什么科学家需要费心与科学界以外的世界交流呢？正如第3章所讨论的那样，现在大多数的研究资助都要求展示科研工作的影响力，比如如何确保社会其他群体知道你的研究以及该研究可能对他们的影响。

除了上述要求之外（已在第1章中阐述），科学家有义务将他们的研究介绍给社会其他群体，告知他们研究进展，并最终和他们进行双向对话，从而不仅让公众了解当下的科研工作，也让他们对科学研究具有发言权。毕竟，他们所缴纳的税收为大部分的研究提供了资助。那种认为科学家们知道所有问题答案的想法是无知和傲慢的，历史上已经有很多实例证明公众可以对科学探索做出重大贡献（参见第5.5节）。

科普推广和公众参与活动可以给社会大众带来诸多影响深远的益处，同样，这些活动也可以让进行研究的科学家们受益，包括：

（1）提高沟通和组织技能。

（2）增强信心。

（3）增强团队合作和人际交往能力。

（4）获得将专业科学知识"转化"为通俗易懂的语言的能力。

（5）更好地理解知识交流的好处。

（6）提醒人们追求科学事业的意义。

这些技能有助于研究人员在更广泛的科学领域内进行研究交流且有利于大学教学。人际关系和团队合作技巧也对跨学科的科学研究能否成功至关重要。

对于那些希望在学术界之外寻求职业生涯的博士研究生或博士后而言，这些活动为他们提供了对沟通和其他关键的转换技能进行学习的机会（详见第9章）。他们主动参与这些活动也可以让雇主感到满意，因为这表明候选人具有在学术以外的工作经验。

练习：WWW

在启动任何公众参与或科普推广活动之前，你需要问自己3个问题：

（1）你想要表达什么？

（2）你为什么要表达这些？

（3）你想向谁表达？

可能你已经确切地知道你想要表达什么（也许是你最新的研究成果或者你所在领域的某位被埋没的科学家的生活和他所处的时代），但你不确定什么样的听众将从中收获最多。同样地，你可能想要与某社区团体合作，但不确定你研究的哪个方面最合适他们。花一点时间思考这3个问题，你将能够找到成功完成任何一个科普推广或公众参与活动所需的重点议题和意向。

5.2 术　　语

科学传播可以分为两大类，正如亚努斯神（古罗马掌管入门和开始的双面神，见图5-1）拥有两张脸一样。本书到目前为止已经讨论了"面向内部"的科学交流的各个方面，即通过改善个人沟通技能来成为更好的科学家。本章将专门介绍"面向外部"的科学传播，并将介绍可以使你的科学研究广泛地与社会分享和沟通的方式。

科学传播通常也可以称为科学普及、公众参与、教育促进和/或知识交流，但是这些术语的真正含义是什么？个人、机构和国家对这些术语的"确切含义"有不同见解，这会导致对其解释有细微差别。这往往取决于各人的角色及他们的研究和教学实践与科学传播的关系。

根据目前的科学传播文献，我们对以下4个讨论主题中的每一项提供了宽泛的解释：

科普推广：一种单向传播，科学家将研究内容传达给普通大众，重点关注学童和年轻人。

公众参与：一种双向对话，科学家与普通大众互惠互利地交谈。

教育促进：面对尚未进入高等教育的社会群体的活动，旨在鼓励他们进入大学①。

知识交流：任何涉及与企业、公共和第三方服务，社区以及更广泛的公众接触的活动，并且活动本身由于资金筹措而受到监督。

我们必须承认，这些定义之间仍然存在一些重叠。例如大学研究人员到当

面向内部

面向外部

图5-1　科学传播的两个方面 [1]

---

① 译者注："教育促进"是英国和欧洲政府推行的一类重要的高等教育政策，其目标不仅包括增加年轻人接受高等教育的数量，还包括提升一些特殊群体（如低收入家庭、残疾人和少数民族）接受高等教育的比例，类似于中国高等教育中的"入学资助计划"。

地学校的演讲可以视为科普推广、教育促进或知识交流活动。在这种情况下要考虑分类的背景。在这个例子中，研究人员的资助机构可能会把它归为科普推广；大学的教育促进团队（或类似机构）可能把它归为促进就学的活动；而大学的知识交流办公室（或类似机构）则可能把它归为高等教育资助委员会（或类似机构）相关的活动中。

上述所提到的教育促进和知识交流超出了本章的范围，本章重点介绍科普推广和公众参与活动。对在英国科学传播的深度分析可参阅Illingworth等人的著作[2]。

5.3 从事少儿工作

从事少儿工作可以带来极其丰厚的回报和愉快的体验。然而，它也可能要求严、难度高，有时甚至令人沮丧。和任何其他公众参与或科普推广活动一样，开展此类活动时要特别谨慎，并仔细考虑活动的内容、出发点以及受众，特别要想清楚为什么要与少儿交流。

此外，你还需要问自己，你是否有过与中、小学生打交道的相关经验？如果你因为自己是一位科学家，就想当然地认为你可以大摇大摆地走进教室或非正式的环境中，并且能够立即掌控整个场面开始你的工作，那你可就过于狂妄自大了。在开展面对少儿的活动前，建议你先参加一些培训以获得相关经验。

在英国，科学（S）、技术（T）、工程（E）和数学（M）网络（STEMNET）[3]是一个致力于在全国范围内提供STEM科目普及推广活动的一个国家组织。STEMNET提供了一个针对开展少儿工作的绝佳培训机会。他们有一份学校或其他组织正在开展的活动清单，你可以参加以获得经验，从而设计自己想要开展的活动。除此之外，你所在的研究机构或大学一般会有从事普及推广、公众参与或教育促进的团队，他们也会提供各种培训机会，你可以参与其中以获得宝贵的经验。

如果你要在英国从事少儿工作，那么你需要获得无犯罪记录证明（disclosure and barring service, DBS），以证明你有资格参与少儿工作。你可以在英国政府的无犯罪记录证明网站找到有关的检查条例[4]，获取这个证明通常需要支付少量费用。但如果你是通过诸如STEMNET等组织进行普及推广活动，他们通常会为你支付这些费用。有一点很重要，即使你已通过DBS的检查，切记不要独自和一个或一群孩子待在一个房间里。在任何时候必须同时有老师或监护人与孩子在一起，这样可以避免你遭受到任何潜在的渎职行为的指控。

少儿的年龄将在很大程度上决定你为他们设计的活动类型。不要武断地认为所有中学生都是对科学毫无兴趣和热情的躁动少年，事实并非如此。不过，确实存在由于缺乏参与、教学不佳，甚至之前经历过无效的科学交流活动等因素而导致部分学生对科学失去兴趣的现象。

与年幼的孩子一起交流是一种令人放松和振奋的经历，他们不像年龄较大的孩子那样有时会有玩世不恭和怪异行为，从而让你与他们沟通起来感到沮丧，幼童经常会带给你出其不意的惊喜。精心准备的活动可以教育和吸引年幼的孩子，从而在早期和较为可塑的年龄段就能激发出他们对科学的热爱。这些活动会在很大程度上影响他们是否打算继续接受科学教育，最终产生的影响将远远超出在教室里学习能达到的效果。当然有些孩子超乎寻常的热情也可能使你在活动结束时感到崩溃。同样重要的是，除了关注学生，你需要找到令他们觉得有趣的内容和材料。

练习：孩子知道什么？

作为一位科学家，你（包括周围很多同事）可能并没有意识到你们拥有很多不同类型的科学知识和科学进程。其实，你所认为的普通知识，对大众特别是对少儿而言，实际上是高度专业化的。

下次当你有机会和一个年幼的孩子（这可能是朋友的孩子，甚至是你自己的孩子）在非正式的情况下交谈，可以问问他们对科学的了解。一开始的问题可以非常笼统（比如科学家做什么？物理是什么？），然后可以进一步问一些专业化的问题（比如什么是加速度？什么是引力？）。你可能会对孩子们所不知道（或者知道）的内容感到惊讶，当你接下来向一群孩子解释你的研究时你要记住这些。

5.3.1　正式环境中的儿童

大多数在正式环境（即学校教室）里开展的儿童科学交流活动可以被认为是科普推广活动。这些活动的目的，通常是与一群儿童就一个特定的科学领域进行交流。设计的活动通常要具有沉浸感和吸引力，并且活动主要通过单向演讲进行。

但是，单向交流的使用并不意味着一定采用有缺陷的方式。与其只是关注学生所缺乏的某种特定知识，不如以对学生和学习过程的理解为基础，采用以学生为中心的方法。

对学生的理解，不仅包括对学生课程的详细了解，也包括对教室里每个学生的需求和能力的深入了解。这是一个漫长的过程，无法快速跟踪。但是当老师已经拥有这些触手可及的信息时，也没有必要再另外去采集。

当你在开发针对在正式环境中与学龄儿童交流的科普推广活动时，我们建议尽早让老师参与到设计过程中。他们对学校课程和学校的学习过程的了解，将确保你在科普推广时，学生不会对你传递的信息充耳不闻。他们知道哪些内容会在具体的教学环境中起作用，而哪些不起作用；这些经验有助于他们对推广活动的设计提出建设性的意见。老师们还可以提供基本的后勤帮助，比如教室的布置，课堂的分组（当有必要时）以确保活动效果达到最佳。

即使你之前已经在正式环境中成功地开展过这类活动，与将要推广的班级负责老师进行合作也是一种好的方式。适用于一组学生的活动并不一定适用于另外一组。最好将推广计划提早与老师进行协商，他们会提供有用的反馈，解释哪些会对自己的学生有效果，而哪些是没有效果的。这些准备工作做得好不好，将决定你所策划的科普活动是真正的课堂互动，还是对着一群心不在焉的学生在讲课。

这里介绍5条课堂要则：

（1）**不要把孩子们看成是你的同伴**：他们是来教室里学习的，但同时让他们在学习的过程获得乐趣也很重要，所以把握好这之间的分寸十分关键。值得提醒的是，如果你想要"装酷"，那你的科普活动已经失败了。

（2）**把握好时间**：无论你的活动多么引人入胜，学生可不会在你耽误了他们的午餐之后还会感谢你。而如果活动安排在下午时间进行，请记住学生放学后要赶校车，或者他们的父母会开车来接他们！

（3）**你比他们拥有更多的科学知识**：许多科学家对进行学校科普都有一个共同的担忧，那就是他们会不会被一个不太熟悉的科学领域"难住"。但事实上，99%的情况不是这样。你几乎能够回答孩子们问的任何问题。对于剩余1%的情况，你可以赞扬学生的好问题，并告诉他们你会进行一些研究，然后告诉他们答案。承认你不知道答案也会有助于鼓励老师（他可能没有和你一样的科学背景），让他们明白：不知道所有的答案也很正常。如果你有时间，你甚至可以提出来和班级同学一起找出答案，或者设计一个新的活动，以便下次活动时进一步研究。

（4）**期待意外**：准备好回答有关科学家生活的问题，也就是你自己大致的生活状态。年幼的儿童尤其会关心一位科学家是什么样子的，会问你做过的最危险实验是什么，当然最重要的问题还可能是你最喜欢的颜色是什么。

（5）**不要灰心**：不一定所有科普活动都会成功。这可能有很多原因，比如班级的学生、房间的设施等。重要的是你不要被这些所困扰，而是要分析是哪里出了什么问题和下次如何改善。

练习：设计一个正式环境中的科普活动

按照以下步骤设计一个在教室里进行的科普活动，将你的研究工作介绍给学生：

（1）思考你想讲什么？为什么要讲？讲给谁听？

（2）如何最好地传达你的科普内容？是通过简短的报告、一系列的展示、一些具体的动手实验还是更具创意的其他活动？

（3）科普活动将如何与国家规定的课程相结合？如果你的科普活动内容能和教学大纲结合起来，那么它会更易被学校和教师接受。这对于那些学习GCSE和A-levels课程（或英国之外的同等课程）的学生来说尤其如此，因为他们的课堂时间十分珍贵并且十分紧张。

（4）将你的想法传递给老师。他们会告诉你在课堂里什么是有效的、什么是无效的，也可以协助你将科普活动与其所授的课程相联系。

（5）测试你的活动。在开展正式的科普活动之前，练习几次是非常重要的，这些练习将帮助你事先排除问题。可以通过本科生和研究生来进行尝试。

（6）试验你的活动。与参与设计的老师沟通，看看他们是否愿意在他们的课堂上让你试验一下科普活动。

（7）反思试验结果。什么地方做错了？什么地方做对了？向老师和他们的班级以及参与测试的其他人询问反馈意见。你将如何使用这些反馈意见来改善科普活动，你是否需要更多的支持和/或资源来改进实施效果？

5.3.2　非正式环境中的儿童

当然，学习不仅仅发生在课堂上，学生可以在学校以外的环境中继续学习科学。这些非正式的环境包括博物馆、科学中心，甚至动物园。非正式学习可以被认为是在传统的正规教育之外的学习。然而，非正式科学教育的概念不仅是指发生在教室之外的学习活动，还关乎学习者基于自身需求和兴趣的自我激励。

大型科学活动经常发生在一些非正式场合（不在学校内），包括科学节、科学博览会和公共讲座，其中很多都有针对学龄儿童的特定活动。例如，英国伦敦的皇家学院（Royal Institution）自1825年以来，坚持每年在学院举办主要针对青少年的圣诞节讲座（见图5-2）。

已有证据表明，非正式场合的科学活动可以对科学以及科学学习起到促进作用，也可以对大学生未来学术职业的选择产生很大影响。在非正式场合开展以学生为主要对象的科学活动时，本书前面部分写过的很多内容仍然是适用的，这里要强调以下几点：

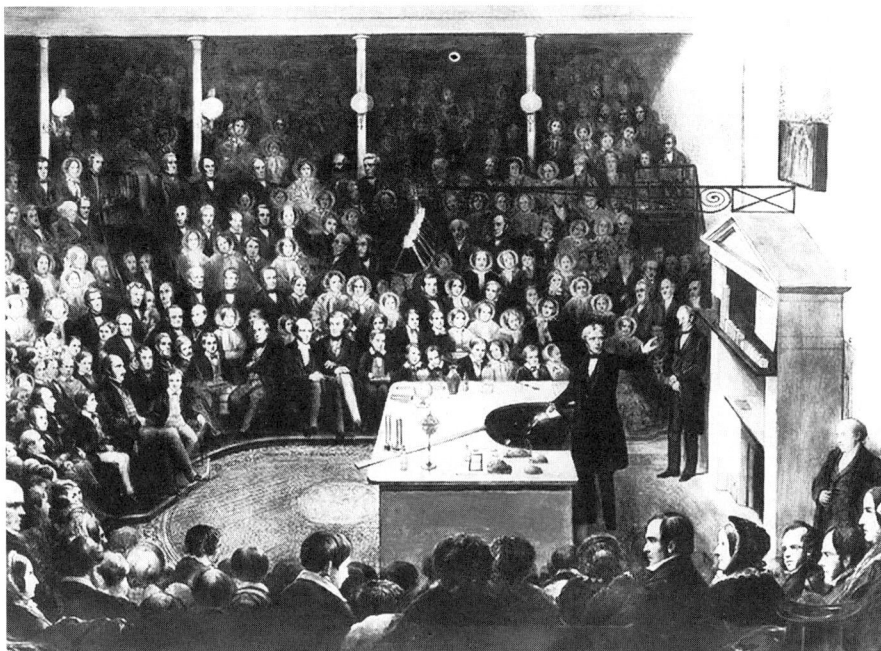

图5-2　Michael Faraday 在1856 年进行的青少年圣诞讲座[5]

（1）孩子也许没有老师陪伴，而是由监护人陪伴，或者他们自行前来参加。通常孩子们在学校之外的环境会有不同的表现。他们可能会感觉比较轻松自如，但是在没有老师在场的情况下，同样需要注意可能存在的行为问题，并且在这些非正式的环境中，同样必须牢记你不要与任何孩子单独相处。

（2）孩子们可能并不期待科学活动。如果你的活动不是一个大型科学节的一部分，或只是随其他非科学主题的事件一起开展，那么孩子们可能并没有预期到会有科学活动，不会期望你做任何与科学相关的事情。这可能反而是一个绝佳机会，可以向他们展示科学几乎存在于我们生活的各个方面。

（3）听众人数可能与你预期的不一样，可能更多，也可能更少。你对这两种可能性都要有相应的预案，尝试为你的活动设计不同程度的参与度。如果人很少，你可以花更多的时间与参与者一起互动，但也要准备好应对突然激增的人群。

练习：寻找你的机会

很多活动都可以成为一种科学传播活动，如诗歌[6]、表演、喜剧[7]，以及社交集会[8]！除了你的科学追求，你闲暇时喜欢做什么？花几分钟思考一下你的爱好和日常消遣中可以用来促进科普的任何方面，最理想的就是你目前正在研究的领域。将你的专业领域和个人生活以一种真正独特的、令人着迷的方式联系起来。选择你拥有专业知识的领域也会让你更有信心，因为你具有相关技巧可以有效地完成活动。

5.4 普 通 民 众

普通民众实际上可以分为3类：儿童、成人和家庭。与成年人谈论科学可能是一项艰巨的任务，但也非常值得，这也是有助于进一步打破科学与社会之间存在的壁垒的好方法。大多数适用于与儿童进行交流的方法也适用于成人，特别是在非正式的学习环境中。正如你所料，成人与儿童一样多样化，他们的学习方式和喜好各不相同，兴趣也不一样，对科学的潜在参与度也会有所不同。

本节内容并不期望涵盖所有在向大众传播科学时可能遇到的问题，这里只是推荐了一些经过尝试和验证的方式，它们可以成为你自己进行有效科学传播活动的起点。如前所述，对你开展活动唯一的限制就是你的想象力，如果你将来自科学界以外的激情或技巧知识融入其中，科学传播的效果就会更好！

公众讲座

与大众沟通最标准的形式是科学讲座，可以采用在正式讲座结束时附带问答环节的形式，或者其他更为轻松的方式，例如科学咖啡馆[9]或科学酒吧[10]等。无论哪种方式，请记住你在第4章中学到的经验：考虑你的叙述方式、听众和你自己。还有，不要因为你不是在国际会议做报告，就以为现场没有专家！尝试搞清楚你的听众是谁，这样你就可以避免高估听众的知识起点或低估他们的智慧。

论坛讨论

论坛讨论是一种非常有效的、能够展示针对某个主题提出各种不同意见和信息的方式。同时，它也是一种有用的、能向大众表明科学观点具有多元性和争议性的方式，不同的观点之间有时可以形成激烈的争议。如果出席论坛讨论，你应该确保事先知道讨论的形式是什么（圆桌论坛、答听众问，或简短演讲等）及其他参与论坛的嘉宾是谁。提前知道你将要面对的人和问题会非常有帮助！如果你正在组织一个论坛讨论，那么请确保你所选的话题是值得辩论的，并且你邀请的论坛嘉宾覆盖了较大的范围，他们能够代表论点的两个方面。你还应该考虑邀请来自学术界以外的论坛嘉宾，并确保有一个既公正又有掌控能力的主席，以防论坛争辩变得异常激烈！在英国，英国科学协会（British Science Association）开设了一系列非常有趣的政策辩论会[11]，他们同时也为一些潜在的东道主提供有限的资助。

读书俱乐部

读书俱乐部为将科学和大众文化融合在一起，提供了一种兼具可行性和吸引力的方式。如果你计划组织一个读书俱乐部，那么最好选择一个不太宽泛的主题，例如"时间旅行"，而不是一般的"科学"。每月举办一次活动会给人们足够的时间来掌握关键材料；选择可以从当地图书馆获得的书籍，则有助于降低成本。建议你提前计划好一个书单，以便每个小组成员都有机会选择一本书并参与讨论。

科学路演

科学路演指在公共场所仅用科学的魔力吸引人们的注意力！如果成功完成，此类活动可以以其有效、迷人和创新的方式感染潜在的大量人群。在初期，一个成功的科学路演似乎遥不可及；但是耐性和坚持可以让它成为科普工作者的有用工具。无论你是新手还是专家，你都可以从英国科学协会所创建的科学路演系列活动中选取合适的内容[12]，然后迈出你的第一步。

练习：风险评估

对于任何涉及普通大众的活动，你都必须进行风险评估。如果你是到学校去，那么在你提议的活动开始之前，需要老师事先完成相应的评估。英国健康与安全执行委员会（The Health and Safety Executive in the UK）为进行风险评估提供了很好的资源[13]。你可以下载一个模板，填写你的拟定活动，并得到权威人士的签字授权。

在某些场地的活动还可能需要你拥有公共责任保险，这就要求你与你所在的大学或研究机构的法律团队进行沟通。通常你会有这方面的保险，但是每次活动之前，你都需要确认一下。

5.5 公众科学

本章至此所讨论的这些活动，主要涉及科普活动，其主要目的在于向公众进行科学的普及和推广。正如本章引言中所讨论的，公众参与是一个双向的过程，科学家和公众进行互动以推动科学进步。公众科学是目前在科学界流行的一种公共参与活动的方式，它基本上是以合作研究的形式来开展，需要公众一起参与来收集、生成和分析数据。

公众科学的项目有很多，其中"银河动物园"（Galaxy Zoo）[14] 似乎是最有名的一个，它要求公众参与者根据结构对不同类型的星系进行分类。这样做的原因是与计算机相比，人眼能够更好地进行分辨。这个项目取得了巨大的成功，超过150 000人为此做出了贡献，第一年就收获了5 000多万个分类结果，这个项目的成果也发表了大量经同行评审的科学论文[15]。

公众科学项目用于"数据挖掘"的另一个例子是"旧日天气"（Old Weather）[16]，其目的是帮助科学家恢复19世纪中期以来由美国船只进行的北极乃至全球天气的观测记录，通过招募公众帮助分析过去的记录（例如跟踪船只移动）来生成新的数据。这些数据帮助科学家完善了对过去环境条件的宏观认识，以便改善模型，模拟未来事件。

也有一些公众科学项目，直接利用来源于公众的数据。例如"雨雹雪社区协作网络"（Community Collaborative Rain, Hail and Snow Network, CoCoRaHS）[17] 是一个基于社区的非营利性的志愿者网络，他们使用低成本的测量工具和交互式网站来测量降水量并绘制分布图。该项目于1998年在美国科罗拉多州开始实施，如今拥有遍及美国和加拿大的网络，有数千名志愿者参与其中，使其成为美国最大的每日降水观测数据来源。

同时，也有人对这些公众科学项目提出了反对意见，认为这些项目利用公众来收集或分析大量的数据，而科学家窃取了其中的成果和荣耀。这相当于让公众成为免费的劳动力，也许在某种程度上就好比一个冷酷无情的教授"剥削"他的研究生们。诚然，虽然公民因为激励因素的存在而参与数据的挖掘与分析，但论文和项目申请书上却不会写上他们的名字。不能排除有些研究人员目的不纯,通过呼吁公众的崇高意识,告诉他们这是为了科学更好地发展,来诱使公众为其工作。

也许最著名的具有真正协作性的公众科学项目例子是"人类基因组项目"(Human Genome Project)[18]。它是一个国际科研项目,其目标是从结构和功能的角度绘制人类基因组所有基因的图谱,是迄今为止世界上最大的生物合作项目,也是真正为崇高的全人类利益而进行科学研究的伟大范例。虽然这个项目是一个极端的例子(人类基因组项目耗费了30亿美元的公共资金),但在其他项目中,研究人员仍然有很多机会确保他们招募的公众在一定程度上得到认可。例如,在"英国社区雨水网络"(UK Community Rain Network, UCRaiN)[19]项目中,所有参与的学校都在研究成果(研究论文)中获得了致谢。UCRaiN项目虽然耗资不多,却也是一个让公众参与双向对话的公众科学项目的好例子。如果你也想要实施一个好的公众科学项目,"英国环境观测框架"(UK Environmental Observation Framework)可以免费为你提供非常有用的指南[20]。

总体而言,得益于社交媒体和其他通信平台的日益普及,公众科学项目正逐渐成为公众参与科学研究的流行方式,并促进了科学研究。对此,科学家应当想办法让公众积极地参与到这些项目中来,并确保他们能够得到适当的认可。否则,科学家很可能会背上将"新同事"(公众)当成二等公民的骂名。

5.6　经　费　来　源

如果你已经做好了项目计划,那么你就要考虑如何筹集经费。即便是最基本的项目也会有一些消耗性的成本,而大型项目则必须考虑路费、场地租金以及员工工资。下面列出了5个可能的来源,以帮助你获得项目需要的经费:

(1)**公共参与基金**:国家公共参与协调中心(National Co-ordinating Centre for Public Engagement, NCCPE)提供了一个有效的资源库[21],给出了英国面向自然科学和工程(以及其他学科领域)的普及推广和公众参与的大部分基金来源。第 3 章提供的所有建议在这里仍然是有用的；另外，当你向某个基金机构提出经费申请时，如果同时从这里列出的其他来源获得匹配资金，则无疑会进一步助力你的计划。

（2）**大学**：多数大学都会设置教育促进部门，有的大学也有专门的公众参与和科普推广部门。在建立和发展你的项目时，你不仅可以向这些团队寻求建议，也很可能获得他们的资助，尤其当你的项目和他们已经在做的或者正在计划的项目相关联时。

（3）**现有的研究资助**：如今，大多数研究资助计划必须展示其"影响途径"，即他们必须向社会展示他们正在做的研究，以及这些研究和更广泛社会群体的关联性（详见第 3 章）。通常项目资助有为这部分需求预留的基金，也就是说项目有潜在的经费可以申请。

（4）**地方议会**：地方议会有一定的经费用于当地人民的教育和宣传。因此，他们是你寻求资助的好途径；他们与学校和社会接触也较多，而且经常会有优惠甚至免费使用的场地。

（5）**学术团体**：几乎所有的学术团体都会对科普推广和公众参与的活动提供一些支持，这是你开展项目时非常有用的资源。例如，物理研究所（Institute of Physics）的大众参与资源就可以在其相关资料[22]中找到①。

5.7 宣 传

在项目策划和资金筹集完成之后，你如何确保有足够多的人前来参与呢？如果你的项目涉及学校或计划让学生来参与，那么你应该事先与相关的学校沟通。如果是其他类型的活动，你也需要为项目做出及时、充分、有效的宣传。你最应当关注的问题是：谁可能来参加这个活动？如何确保他们参加？

通过查询邮箱列表，你可以高效地寻找到感兴趣的人群。在英国，PSCI-COMM[23]和 NCCPE-PEN[24]这两种列表提供了非常好的途径，它

---

① 作者注：有趣的是，虽然网页名为"公众参与"，链接却是"/outreach"，这是一个在处理"面向外部"的科学交流时术语不一致的例子。

们可以帮你接触到许多对科普推广和大众参与活动感兴趣的人。这些列表上的人也很可能向当地其他感兴趣的群体推荐你的项目。但是另一方面，很多人也可能根本不会打开这类群发的电子邮件。

当地的报纸和杂志、设有地区办事处并列有活动时间表的国际出版物（例如 Time Out[25] 杂志）也值得你关注。除了刊登付费广告，大多数这类出版物还提供免费宣传，包括在线和印刷刊物的方式。另外，海报和传单也非常有效，尤其是在电梯或洗手间这类人们会不由自主地注意到它们的地方。

社交媒体也是很好的宣传途径，它可以让大量受众在短时间内注意到你的项目。然而，正如在第 7 章中将要讨论的，社交媒体只是一种可以利用的工具，有时候它并不是很有效，因此我们不能单纯地依靠它来获得受众。如果你的项目有明确的特定受众（例如天文爱好者），或者与某个当地或全球项目（例如"世界艾滋病日"）有关，那么你也可以通过联系相关组织，利用他们的社交媒体渠道来宣传你的项目。你也应当事先联系好有关的学术团体、其他与活动有关的机构和能为项目提供任何支持的资助者。

随着诸如 Eventbrite[26] 等免费在线工具的出现，项目的票务管理工作也变得更加容易。经验表明，不论是免费的还是收费的活动，30% ~ 50% 的缺席率是正常的。当然，墨菲定律建议你超额发放门票来抵消这个缺席率，但这样显然不可行。为了弥补这个缺席率，最好列一个候补名单，或者收取小额费用来鼓励出勤；令人惊讶的是，即使很少的收费也能使人们不再用诸如头痛或下雨等小借口来逃避出席。还有一种观点认为，对活动的收费，即便只是较小的金额，也因为可能提高出席率而带来潜在的价值。尽管有软件可以帮助解决票务流通方面的问题，票务管理仍然是一项高度依赖经验的管理技术，令人遗憾的是，它没有一个通用的解决方案。

5.8 项目评价

正确地评价你的每一个科普推广项目和公众项目，这是有助于你发展和提升后续项目的好机会，同时也能推动你对科学传播的全方位理解和发展，因此你必须慎重对待，不可疏忽。

第一，你应该记录参与人员的主要信息（学生人数、年龄范围、学校名称等），这些记录对你、你的大学和外部资助机构都是有用的。

第二，对项目进行简短的个人总结，这也是一种很好的实践。分别对有效和无效的方面进行审视，可以使下一次的项目实施更加成功。即使是针对一个一次性的项目，好的总结仍然可以帮助你设计和形成未来的项目。

第三，从项目的展示者和参与者那里获得反馈，可以使你对项目的评价更加真实。获得反馈并不需要太复杂的步骤。例如，你可以在活动之后立即使用SurveyMonkey[27]或Typeform[28]来发布一个简单的问卷（你喜欢什么？你会怎么做？你觉得有何特别之处？）。通过分析这些调查的结果（同样可以使用SurveyMonkey和Typeform来实现），你可以更全面、更深刻地了解在你的项目中哪些环节做得好，哪些做得不好，以及如何对将来的项目进行改进。

项目评价也可以做得妙趣横生，它可以作为项目中的一个互动部分来构建。例如，图5-3所示的样本评价问卷被用来对一次以地理知识为主题的科学酒吧项目进行评价。这些内容用A5卡纸双面打印，并在活动结束时连同笔一起交给参与者。这是一种新颖而有趣的收集反馈的方法，这也是一种轻松愉快的收集和分析方法。

请挑出卡片正面的**两个**词语，画出或写出它们。
如果您愿意我们通过电子邮件联络您，以便告知未来的活动内容，请提供您的姓名和电子邮件地址。
姓名：_____
电子邮件：_____

• 地理	• 自然	• 科学	• 喜悦
• 困难	• 空间	• 太阳的	• 科学家
• 黑暗	• 心灵	• 容易	• 权威
• 兴奋	• 人类	• 明亮	• 能量
• 挑战	• 枯燥的	• 啤酒	• 气候

图5-3 样本评价问卷

为了真正达到项目评价的目的，你需要使用"科学评价流程"。这个流程如图5-4所示，首先你提出一个目标假设，然后对其进行检验；之后基于检验的结果，最终选择接受还是对其进行调整，如此进行循环。

图5-4　科学评价流程

例如，面对学校的科普推广活动，这个目标假设应该是"这个活动提高了学生对某学科知识的认识"。然而，如果事先没有对学生关于该学科的原有知识水平进行评估，那你就无法检验这个目标假设是否成立。因此，该项目的评价过程需要在项目踏入课堂之前就启动。

对原有知识水平进行估计不必过于复杂，例如，如果项目旨在提高参与者对全球变暖的认识，那么可以问他们下面这些问题：什么是全球变暖？导致全球变暖的原因是什么？我们能做些什么来减少全球变暖？你可以在开展普及推广项目之后再次进行相同的提问，你的目标假设可以根据参与者对主题理解的前后差异而被接受或拒绝。想要评价项目对学生产生的持久影响，可以要求他们在项目实施之后6个月再做一个简短的问卷，这也会对你的评价和结论提供进一步的证据。

这种直接对项目实施前后理解水平进行正式调查的方法，可能会让学生非常明显地感觉到自己正在"被评估"，从而对项目活动产生负面影响。在这种情况下，最好采用非正式的"讨论组"方法，鼓励学生在项目实施前后能够积极讨论该主题，并记录他们的评论和意见，然后由主持人进行分析。

如果你的项目成果在同行评审出版物上发表，它会有助于向你的上级、学校主管或外部资助机构证明你的科普推广项目与公众活动的正当性。为了在诸如 *Physics Education* [29] 之类的教育学期刊上发表，分析和结论必须是可靠的。为此，你应当使用上面概述的科学评价流程来评价这些项目。

5.9 培 训

正如本章前面提到的，在策划自己的项目和活动之前，最好参加一些关于科普推广项目和公众参与活动的培训。参与所在研究机构正在开展的类似活动和项目和参与一些专门的培训课程，都将非常有益。

在英国，STEMNET 目前为其注册会员提供两个免费培训课程。其中一个可以帮助你在面对年轻人开展工作时建立自信和提高表达技巧。另一门课程旨在帮助你迈出自己项目的第一步。这两门课程都是免费提供的，可以选择面对面培训和在线培训两种方式。

物理研究所（Institute of Physics）的社会物理学（Physics in Society）团队举办了一系列为期一天的培训讲习班 [30]，旨在为那些想参与科普推广和公众项目的人提升技能和信心。对该物理研究所的成员，这些课程都是免费的，而且还提供了一些旅行费用。

一些资助机构会为那些希望基于自己的研究开展科普推广活动和公共项目的研究人员提供培训。例如，英国的国家环境研究委员会（National Environmental Research Council, NERC）会为由 NERC 资助的学生和研究人员提供一门极好的课程 [31]，以培养他们的科学交流能力。

除此以外，许多大学和研究机构也提供了科普推广和公众参与方面的免费培训；相对于项目的发展，这些培训往往更侧重于项目的实施。在你的研究小组成员或是其他同事中，也许就有科普推广专员，他们经验丰富，能向你提供许多有用的建议和提升技能的机会。

当你已经做了一段时间的科普推广项目和公众参与活动，并且对材料、方法和演讲都感到更加熟练和自信时，记得从你的团队或更广泛的科学团体中发展队伍，让更多人从你的经验和建议中受益。

5.10 科普推广项目清单

表5-1整理了一份科普推广项目清单，这将为你的任何推广活动的策划与实施提供帮助。

表5-1 科普推广项目清单

	目 标 人 群
基本信息	**你的目标人群是谁？** 如果以学校为目标，你的大学/研究机构有没有教育促进相关部门和你可以与之合作的学校网络？ **你想说些什么？** 你想通过这个活动传递什么样的信息？ **为什么要说这些？** 这将帮助你锁定目标群体，并让你思考活动的重要性和相关性。
	计 划
项目设计	**为学龄儿童设计活动？** 在设计过程中和学校老师进行合作，将确保你的内容适合学生和他们的学校课程。 **为特定社会群体设计活动？** 在设计过程中与来自该群体的成员进行合作，将有助于确保你的内容适合这个群体。
资金	**如何为项目筹集资金？** 别忘了包括交通费用和点心、茶水费用。 有哪些资助可供申请？
宣传	**如何为你的活动做宣传？** 可使用大学/研究机构的社交媒体账户，如推特（Twitter）和脸书（Facebook）。 有针对性的营销活动比群发邮件要有效得多。

（续表）

人员	**你已经招募到足够多的志愿者了吗？** 　志愿者是否感觉到他们参与了整个过程？ 　志愿者的参与是否经过他们的上级同意？ **你会提供培训和无犯罪（DBS）记录证明吗？** 　所有工作人员和学生志愿者，在参与面向18岁以下未成年人工作的工作时，都需要了解与这个特定人群一起工作的安全和适当方式。 **如何对工作人员和协助者进行识别？** 　佩戴统一的徽章、T恤、外套等可以使参与者更容易得到帮助。
保险	**你拥有有效的公共责任保险吗？** 　你的大学或研究机构应该能够对此有所帮助。
风险	**你有做过风险评估吗？** 　你应该做好你要实施的每项活动的风险评估，并由场地和活动组织者签署。
材料	**你需要任何材料吗？** 　准备好所有资源和待发放的材料。 　所有资料都有备份吗？
地点	**你是否有视听或通讯的（AV/ICT）需求？** 　你是否需要计算机或Wi-Fi？ 　你是否需要租赁视听设备和IT支持？ **你和场地方确认了租用的地点吗？** 　你能把场地布置成希望的样子吗？ **场地方能提供你所需的所有设备吗？** 　你有设备使用的备用计划吗？ **这个地方方便参与者停车吗？** 　人们知道在哪里停车以及有何限制吗？ 　你有足够的指示标牌吗？ 　参与者能找到你的活动地点吗？ 　他们知道厕所以及其他设施的位置吗？

活 动 的 实 施

参与者信息	**你是否得到了参与者父母的同意书和他们的紧急联系信息？** 　这些信息应该保密，而且活动结束后记得销毁。 **你打印了拍摄照片和视频的同意书了吗？** 　对于更大的项目，你应该为那些不想被拍摄的参与者提供粘贴标签。

（续表）

健康与安全	**你知道消防程序吗？**	
	有消防演习吗？如果发生火灾，应当在哪里集合？	
	有没有确保当活动中有烟雾发生时可以关闭消防警报？	
	你知道如何进行急救吗？	
	所有活动中都应至少有一名具有有效资质的急救人员参与。对于更大的活动，请考虑从类似于 St. John's Ambulance[32] 这样的机构获得帮助。	

评 价		
监管/评价	**你记录了这些指标吗？**	
	记录活动的指标：参与者的数量、参与的原因等。	
	为活动的每个部分撰写一份总结报告（至少半页）。	
	从参与各方获取反馈。	
	你完成了恰当的评价了吗？	
	评价始于活动之前，需要对参与者先前的知识水平进行测评。	
	你的活动能形成出版物吗？	
	针对有可能由你的活动衍生出来的研究，你是否进行了伦理检查？	
	你宣传了你的项目成果吗？	
	记得通过社交媒体和主办机构的网站来发布活动的成果，但要先检查宣传内容中所用到的影像资料是否已获授权。	

5.11 小 结

本章概述了科学家如何吸引普通大众参与到他们的研究中来的各种途径，介绍了"向外"的科学传播形式，并试图明确科普推广（一种单向的来自科学家对非科学家的思想交流）和公众参与（科学家和非科学家双向对话）之间的区别，并为每一种情况提供案例。

当你设计并实施科普推广和公众参与活动时，请记住你在说什么、你为什么说和你在对谁说。在所有这些中，"对谁说"无疑是最重要的。科学是一个非常有力的工具，其核心就是提炼出正确的问题，并拥有提问的信心。针对已经"皈依科学"的人，即那些已经对科学感兴趣并且意识到科学是什么且能为他们做些什么的人，开展科普推广活动太容易了。相反，你应该考虑如何吸引那些"视科学为畏途"的人，这些人往往认为科学是抽象的并因此使自己疏离社会其他人。而恰恰是这些人能从你的专业知识及你对科学的热情与敬业态度中受益最多，我们应该共同努力，让科学发挥其与生俱来的能够启发和激励人类进步的作用。

后续学习

本章的后续学习旨在帮助你进一步思考如何发展和实施科普推广和公众参与活动：

1. 成为科学公民：访问 zooniverse.org[33] 网站并找到一个你喜欢的公众科学活动，然后参与其中。在你为探寻银河系或识别鲸鱼发声的研究投入了无数的时间后，督促自己从电脑屏幕前抽身出来，问问自己你的研究是否可以以类似的方式进行科普推广。

2. 预约一些科学活动：找到离你最近的科学咖啡馆或科学酒吧活动，参与其中一个，看看它是什么样的。如果你喜欢，那么可以向活动组织者提出为他们的活动贡献你的力量。可以通过这些公开的讲座，有效地学习科学传播技巧。

3. 走出去：找到大学或研究机构中的教育促进办公室，或者学校的科普推广和公众参与专员，和他们一起喝杯茶聊一聊，就如何将你的科学知识传播给更广泛的公众征询他们的意见。这肯定会为你带来一些有趣的思路……

阅读建议

许多在线资源提供关于如何让公众参与到你的研究中来的有用提示和技巧。例如，就如何更好地让学生参与进来，欧洲地球科学联合会（European Geosciences Union）[34] 博客的 GeoEd 专栏[35]定期发表文章。*Science Communication* 期刊[36]和 *Journal of Science Communication* 杂志[37]通过创新案例，提供了最佳的实践范例。这两本出版物也从科学传播的内部和外部作用方面提供了有用的总体见解，同时你也可以在这两本高度被认可的杂志上发表基于你自己的科普推广和公众参与活动的发现。最后，NCCPE拥有许多公众参与和科普推广的活动资源，包括详细的评价策略[38]。

参考文献

[1] https://commons.wikimedia.org/wiki/File:Janus_coin.png.

[2] Illingworth S, Redfern J, Millington S, et al. What's in a name? Exploring the nomenclature of science communication in the UK [J]. F1000 Research（Version 2）, 2015, 4: 409.

[3] STEMNET, 2016. https://www.stemnet.org.uk/.

[4] Disclosure and Barring Service, 2016. https://www.gov.uk/disclosure-barring-service-check/overview.

[5] https://en.wikipedia.org/wiki/Royal_Institution_Christmas_Lectures#/media/File:Faraday_Michael_Christmas_lecture_detail.jpg

[6] Bright Club, 2016. https://www.brightclub.org/.

[7] Science Ceilidh Band, 2016. https://www.scienceceilidh.com/scienceceilidh/.

[8] The Poetry of Science, 2016. http://thepoetryofscience.scienceblog.com.

[9] Café Scientifique, 2016. https://www.cafescientifique.org/.

[10] SciBar, 2016. https://www.oxfordscibar.com/.

[11] British Science Association Policy Debates, 2016. https://www.britishscienceassociation.org/policy-net-work.

[12] British Science Association Science Busking Guidance, 2016. https://www.worc.ac.uk/documents/CampusScience.pdf.

[13] Health and Safety Executive Example Risk Assessments, 2016. https://www.hse.gov.uk/risk/casestudies/.

[14] Galaxy Zoo, 2016. https://www.galaxyzoo.org/.

[15] Galaxy Zoo Papers, 2016. https://www.zooniverse.org/publications?project=hubble.

[16] Old Weather, 2016. https://www.oldweather.org/.

[17] CoCoRaHS, 2016. https://www.cocorahs.org/.

[18] Human Genome Project, 2016. https://www.sanger.ac.uk/about/history/hgp/.

[19] Illingworth S M, Muller C L, Graves R. UK citizen rainfall network: A pilot study [J]. Weather, 2014, 69(8): 203−207.

［20］UK Environmental Observation Framework Guide to Citizen Science, 2016. https://www.nhm.ac.uk/resources-rx/files/guide-to-citizen-science-117061.pdf.

［21］National Co-ordinating Centre for Public Engagement Public Engagement Funding, 2016. https://www.publicengagement.ac.uk/plan-it/funding/health-science-engineering.

［22］Institute of Physics Public Engagement, 2016. https://www.iop.org/activity/outreach/.

［23］PSCI-COMM Mailing List, 2016. https://www.jiscmail.ac.uk/cgi-bin/webadmin?A0=PSCI-COM.

［24］NCCPE-PEN Mailing List, 2016. https://www.jiscmail.ac.uk/cgi-bin/webadmin?A0=NCCPE-PEN.

［25］Time Out, 2016. https://www.timeout.com/.

［26］Eventbrite, 2016. https://www.eventbrite.co.uk/.

［27］SurveyMonkey, 2016. https://www.surveymonkey.com/.

［28］Typeform, 2016. https://www.typeform.com/.

［29］Physics Education［J/OL］. IOP Sicense, 2016. https://http://iopscience.iop.org/0031-9120/.

［30］Training Resources［J/OL］. Institute of Physics, 2016. https://www.iop.org/activity/outreach/resources/training/page_47911.html.

［31］Media Training［J/OL］. NERC, 2016. https://www.nerc.ac.uk/skills/mediatraining/publicengagement/.

［32］Events Services［J/OL］. St John's Ambulance, 2016. https://www.sja.org.uk/sja/about-us/event-services.aspx.

［33］Zooniverse, 2016. https://www.zooniverse.org/.

［34］European Geosciences Union, 2016. https://www.egu.eu/.

［35］Blog［EB/L］. GeoEd, 2016. http://blogs.egu.eu/geolog/category/regular-features/geoed/.

［36］Science Communication［J/OL］. SAGE Journal, 2016. http://scx.sagepub.com/, 2016.

［37］Journal of Science Communication［J/OL］. JCOM, 2016. http://jcom.sissa.it/.

［38］Evaluation Guide［J/OL］. NCCPE, 2016. http://www.publicengagement.ac.uk/how/guide.

第 6 章

和大众传媒打交道

能给地球各个角落带来光明的只有两种力量：天上的太阳和地上的美联社①。

——马克·吐温（Mark Twain）

6.1 引　言

作为科学家，我们以探索未知事物为动力，而这种求知欲也正是我们这个职业的特点。然而，科学家在诚实而严谨地分析信息的同时，也有责任记录并且传播我们的原创性发现，以激发其他人对自然的好奇心。科学家作为一个独立个体去发现一些东西，其影响力不会很大；相比之下，进一步传播这些发现并激励新的科学发现，更应该是我们科学家的责任。

把科学知识传播给他人的途径正是本章将要讨论的各种各样的"媒体"。我们希望传授知识的目标群体或个人就是受众，受众不同，媒体（或沟通方法）的形式也不同，两者具有相关性。在学术圈，由于受众相对封闭，所以同行评审期刊和学术会议报告一般是针对此类受众所采用的交流方式。但正如我们前面所提到的，其实科学应当引起更广泛的受众，包括普通公众的注意，并且通过科学来激励人们，使他们从中汲取力量（见第5章）。因此，我们还要与学术圈之外的人交流。当然，与学术圈之外的人士交流往往让一些科学家感到不自在，因为他们会觉得（也许是成见的关系）与同行交流更容易一些。平心而论，对研究人员和学者来

---

① 译者注：美联社的工作宗旨是新闻事实要与观点分开，力求公正。一般认为，客观性法则是由美联社最先提出的，美联社也因此被认为是"客观报道"的先驱。

说，面对一个比他们熟悉的群体更庞大、但从技术层面来讲又相对薄弱的受众群体，科学家如何打破自己惯用的技术思维模式来与其交流确实并不容易。这种自我（科学家）、叙述和受众之间潜在的"不和谐"关系，可能会在公众和政策辩论的导向上产生微妙但严重的后果。然而，这个问题不应该使我们就此脱离大众传媒。相反，我们应该利用大众传媒的优势，使它成为一个强大的工具，让科学可以真正发挥其作用和影响，毕竟这也是我们工作的重点之一。重要的是要知道为了达到传播真理和对未知事物认识的目的，你要如何有效地运用这种力量。

本书的第2章和第4章已经涵盖了一些专门的学术媒体，主要供研究人员之间来相互交流。在本章中，我们将重点放在常规的大众媒体上，例如电视、广播和出版社等。其后的第7章将讨论与现代社交媒体以及互联网有关的具体案例。我们在本章讨论如何借助快节奏的大众传媒做出简洁有效的陈述，以及当面对记者和主持人的采访时，如何在巨大的压力之下、甚至有时是在充满敌意的情景下保持专注。

6.2　与媒体接触的目的、时机以及技巧

在第6.1节中，我们总结了与大众传媒打交道的重要性。大众传媒是一种传播途径，通过这种途径可以提高公众（包括专业程度较低的受众）对来自科学研究的结论及其对人类社会和世界意义的认识。通过知识的广泛传播，其他人会看到将科学研究的结果向其他方向延展的可能，并且将一个方面的研究结果与其他学科的专业知识联系起来，而后者可能暂时还没有被专业媒体所涉猎。大众传媒是一种面向大规模普通受众的媒体，而且这些受众不见得会通过学术途径去寻找科学信息。

大众传媒也可以成为一种激励下一代科学家的方法，它会将科学的哲学逐步灌输给他们，让他们对知识的真诚追求成为我们人类文明和文化的基石。崇尚真理和追求真理的自由，无疑是迄今为止人类在地球上如此成功的原因。在把学术自由和知识传达给别人的过程中，我们鼓励人们提出问题，形成自己的观点，并使他们理解周遭世界的各种合理性的存在。我

还记得小时候，Carl Sagan 和 David Attenborough 等人的电视纪录片贯穿了我的童年，他们传播的知识鼓励我学习科学。这些杰出的人物是真理和理性的捍卫者，我们也应该像他们一样。

这就引出了我们应该何时以及如何寻求与大众传媒接触的问题。在 Carl Sagan 和 David Attenborough 的例子中，他们对整个科学领域的广泛而专业的知识（加之他们与生俱来的激情和魅力，以及专业制片人的技术支持）使他们毫无疑问地成为大众的偶像。然而，对于我们中的大多数人来说，尤其是在我们职业生涯的起始阶段，我们必须在一个值得讲述故事或一个值得做出评论的时机做出判断，决定如何最好地与大众传媒进行沟通。

与媒体的接触可以是一个主动的过程，例如，你可以直接通过召开新闻发布会来引起媒体的注意。与媒体的接触也可以是一个被动的过程，例如，你应媒体要求对一件事情做出评论（或者媒体也可以通过你的工作单位的新闻办公室来提出采访要求）。但是，无论是被动的还是主动的，只有你自己才能决定在什么时候将有些东西说出来，并且很重要的是，你要

先问问自己是否确实能做到将有效、准确而且有用的信息需要传达给公众。当然，在某位科学家所做的研究可能会引起公众的兴趣时，媒体人士也可能帮助提出一些建议。许多科学家可能不会意识到他们的研究会引起大众媒体的兴趣，但也有些人会误以为他们的研究会引起媒体的注意。在这些情况下，可以先找到你所在研究机构的新闻办公室，或者是你自己投过稿的出版社的新闻办公室，让他们帮助你判断自己的研究是否具有新闻价值。如果确实有，那么他们也可以帮助你将研究成果以最好的方式传达给尽可能广泛的受众。接下来你还要考虑叙述方式、信息受众，以及如何以简洁又准确的方式传递最大的信息量等。在本章下面的内容中，我们来讨论一些与媒体接触的方式及他们转述你的故事时所可能采用的方式。

6.3　新闻发布会

新闻发布会是一种积极主动的方式（从你的角度出发），也是一个有用的工具，尤其当你确定自己有一个重要的故事要讲，同时会有很多人想听的时候。

发布会的新闻稿主要是针对非专业人士来描述一些新的科学结论、或让公众感兴趣的新的研究项目。新闻稿通常比较简短，最多是一页A4纸，包含一个短标题（一般是一句话），以及对科学事实及重要意义的描述。一般还会有1～2段可供他人引用的文字和你或你的团队的联系方式，以便记者的后续跟踪和评论。起草一份好的新闻稿往往需要培训或具备一定的专业技能，专业人士（比如新闻专员）可以提供这方面帮助。当然，有写作经验的非专业人士也可以写出好的新闻稿。要记住的是，在大多数单位，必须在获得正式批准后才能提交新闻稿，这样既可以为你提供法律上的保护，又可以避免尴尬的法律问题和纠纷。

你从电视上看到或从收音机上听到的许多科学新闻，一般是由一位专门做科学新闻的记者通过阅读新闻稿后选出来的，或者有些新闻稿会直接发送到专门的新闻机构。记者决定了选取的新闻后，通常需要与编辑讨论，也可能会联系你以进一步获取他们需要的信息。新闻稿也可能会集中发送到一个大型数据库，或者可能会更有针对性地直接发送给特定的记者。

我曾经通过所在大学的新闻办公室提交过几份新闻稿，随之而来的是在之后几年中一百多次的新闻报道，包括电视直播或重播、电台采访以及报纸发文。当然，也有一些研究并没有引起任何媒体的兴趣。一篇新闻稿是否会成功引起大众的关注，有很多因素不在我们的控制范围内。新闻稿的成功与否，可能受到于当时是否正好有相关的重大新闻报道的影响，或者会受到编辑的政策影响，这就是为什么发布新闻的时机也很重要。

举例来说，2012年，我作为首席科学家负责一个科研项目，从一架专门用于研究的飞机上测量伦敦周边地区的空气质量[1]，其中一部分研究是测量伦敦上空的污染云是如何飘离而移动到城市周边地区的。那次野外测量正赶上"2012年伦敦奥运会"，由于在2008年北京奥运会期间有报道称空气污染可能影响运动成绩，因而在2012年空气质量问题备受关注。在当时的新闻辩论中，我的研究显然增加了一些有用的信息，而且能够向人们展示如何从飞机上测量空气质量这个前沿的研究方法，帮助人们理解在远离污染源的地区，空气质量是如何受到影响的。我当时通过所在大学的新闻办公室发布了一份有关这个项目的新闻稿，被英国广播公司（BBC）负责科学报道的编辑选中。他随后要求加入我们在伦敦周边地区的飞行工作计划，在空中进行拍摄并对研究小组进行采访。同时他们实时记录了测量得到的数据并对之进行讨论。在拍摄之前，编辑和我讨论了我们各自会谈到什么内容以及他会问我什么问题。这样便于我事先准备叙述的内容，避免在采访时提到不应该提到的内容。当然，并不是所有的媒体采访都能让你提前对采访内容进行详细的准备，比如现场采访就不会给你重新录制的机会（参见第6.5节）。但是，预先想好讲话范畴（即使打个腹稿也行）对于任何采访来说都是很重要的，这一点我们将在第6.4节中讨论。

与媒体互动的其他方式包括向一些国家级的科学媒体组织登记你的专业技能，比如在英国，可以注册加入英国科学媒体中心（Science Media Centre in UK）[2]。

练习 1：新闻稿的起草

这个练习帮助你为媒体写一段文字，并帮助你考虑自己所研究的哪些方面已经成熟并足以引起媒体关注。

（1）想一个关于你自己研究的或者一个让你感兴趣的研究课题，再列出一些相关的最新研究成果。

（2）对这个清单进行排序或分组，确定你认为可能是公众最感兴趣的话题。

（3）撰写一个标题，最多 10 个单词，其中要包含你在步骤（2）中选出的话题。

（4）针对这个方面，撰写一段 50 字左右的摘要。

（5）再用 200 字解释这个方面的内容和背景，并解释为什么它对于广大受众来说很重要。

（6）最后，给出两句引语（每句引语最多 40 字），这些引语可以不需征得你的许可就能用来转述，并且传达了关于此项目发现的中心信息。

（7）列出联系人的信息，以便获取更多信息。

（8）如果你有机会接触本单位的新闻办公室，可以把这篇新闻稿给他们看看，征求他们的意见和建议；但一定要告诉他们你不想发表它，只是为了做一个练习！

6.4 构建针对媒体的叙事方式

与大众传媒交流的形式和范围，取决于你选择什么样的媒体形式和你需要多少空间（对于书面文章）或时间（对于采访）来呈现它。但是要记住，这里面有一些相同的规律，其目的在于确保尽可能多的人理解你的信息。这些规律包括：

（1）简单：尽量用非专业语言交谈。

（2）切题：定义一个确切的范围，并对之进行讨论；不要走偏，最好确定一个明确的关键点。

（3）清晰：不要使用含糊的语言。

（4）准确：保证你所讲的是你已经考虑过的，并且你知道你在说什么（否则你为什么要说这个？）。

要记住，最重要的事情是你必须小心谨慎，不要让记者、读者或观众从你的新闻稿、文章、评论或采访中挑出你不愿意表达的内容。你可能听说过那些因为在新闻中被误读或误解而受冤枉的人。当然这种事情在科学领域可能比在政治领域少见一些。在政治领域，辩论的重点往往在于态度和观点，但在科学领域中也有充满争议和伴随情感的辩论。以人为气候变化领域为例，编辑政策可以决定你被引用或被质疑的方式。然而大多数时候，有的误解可能是完全出于无意的，也许只是因为一个很公正的记者根本不理解你所表达的内容。所以，你要做的是通过仔细地对待任何引文、文章或新闻稿的撰写，以减少被误解的风险，并且（可能的话）首先与你的新闻办公室、记者或制作人非正式地讨论你的故事，以便大家可以就事实真相和宣传口径达成共识。

极为罕见的是，新闻机构假装理解你，给你营造虚假的安全感，然后让你当替罪羊。这种事在我身上仅发生过一次。那次我同意接受纽约的一家电台的现场采访，内容是关于2010年冰岛火山爆发后火山灰对欧洲上空的飞机造成的影响。当时，正受到媒体极大关注的我，接到一位彬彬有礼的制作人打来的电话，说希望我在他们的电台现场采访中谈一谈关于火山灰在大气中输送的科学，我同意了。然而我发现自己竟在直播中遭到指控，他把欧洲飞机停飞事件及由此给成千上万的纽约人带来的不便怪罪到我个人头上！在没有给我任何回答机会的情况下，电话被挂断了，我再也没能联系上该制作人。在这个特例中，我怀疑这个制作人只是随便找个对象，然后广播节目主持人可以单方面大放厥词。他们当然对我说的话不感兴趣。我所说的几乎就是"你好"两个字。他们当然不会费心去评判我是否是他们要采访的人，因为他们只是自说自话而已。这件事的教训是，在答应接受采访之前，你一定要对广播/电视频道、节目、主持人或报纸做背景调查，判断一下你想要传达的信息可以被准确传达出去的把握有几成。万一你面对采访人、论坛嘉宾或听众的时候，你的观点或科学立场受到攻击，在那种情况下，无论你内心多么不安，也一定要保持冷静和客观。要记住，媒体只是表面上关心开放式辩论，而开放式辩论最好是站在研究者的角度对事实进行合理的讨论。虽然激烈的辩论和个人指责可以造成令人兴奋的电视现场，但科学辩论对于任何人来说，如果偏离了客观推理的过程，就不能令人信服，也是无用的。在这种情况下，重要的是专注于对你所理解的那部分事实的讨论，而不是被卷入另外那些不着边际的讨论中，因为你可能对那些事情没有发言权。冷静和专业的风度对科学信息的传递总是最好的。

需要重点强调的是，尽管上面举了一个相当荒谬又不幸的例子，但是我与新闻界的绝大多数互动都是积极有效的。大多数记者会花时间确保他们从你的角度来理解故事，给你机会对他们所撰写的稿件或想呈现的内容加以评论或修改。通常，更严肃、更专业的媒体组织甚至可能会进一步通过咨询其他信息来源，以验证你所说的内容是否准确，甚至可能要求你重新整理你的故事。即使是做现场采访，也很少有人会要求你在没有事先讨论任何互动细节的情况下就发表言论或评论。最重要的是，如果你感觉心里不舒服或者不确定你所说的是否会被准确地呈现出来，你应该马上有所表示，并且退出这个采访；特别是当你遇到不熟悉的现场采访时！

那么，你如何为大众传媒构建一个准确可靠的主题或者故事呢？不管你的参与方式是实况转播、录影（录音）还是书面的文字，都有一些应该遵循的预备步骤：首先你需要把想要传达的信息分解成简单的且自成一体的段落，然后你要设计好故事的开头和结尾（起码你自己要明白），这样你就不会偏离主题，也不会扯到那些你不够擅长而不该讨论的方面去。如果你把个人的猜测和科学事实放在一起讲，那你就应该很清楚地指出哪个是个人想法，哪个是事实。就像在学术报告的问答环节中一样（见第4章），不要试图回答一个你不知道答案的问题。

当你准备为大众传媒准备材料（包括采访）时，以下建议可供参考：

（1）写一份模拟新闻稿，不管你是否打算提交（具体见上述的练习）。

即使用非专业语言为一本科学杂志写一篇文章，这也是有用的，它可以帮助你形成自己的思想。

（2）试着从非专业的角度来阅读你的新闻稿。如果时间允许，可以请外行的人看看。确定哪些地方有可能被混淆，比如模糊的陈述或过度的陈述，这些都会破坏稿件的总体平衡。改正错误的地方，或者干脆删除它们。就像写一篇文献综述，你要确保理解所有你可能提及的各个争论方的观点。

（3）用一个简单的句子来描述你希望传递的内容、观点或结论。因为面对媒体，你可能只有机会谈到其中一个方面，所以你要确保这个简单的信息在自己的头脑中是放在第一位的。

6.5 电视和电台采访

如前述，我们讨论了要用日常的语言来准备面对大众传媒进行的讲述。这一小节将讨论电视节目和电台采访中的实际情景。我们从第一次做这件事的角度来处理这个问题，当然我们没有必要讨论如何呈现一个电视或广播节目，那需要专业训练和经验并涉及更广泛的职业目标。

在所有的大众媒体中，直面电视摄像机或直播麦克风可能是最令人紧张的。即使一个人经历过一百多次的现场采访或者录制，感到紧张都是自然的，甚至是有益的。但同样重要的是保持冷静，而不是惊慌失措。虽然不同的人会做出不同的反应（有些人更自信一些），但是经过准备、训练、练习再加上经验（还有呼吸），事情会变得更容易些。在本节中，我们将通过引用个人经历并提供一些提示和建议，让接受电视和广播采访这件事变得不那么神秘。值得注意的是，在第4章中提出的大部分建议对于这些情况也是非常有用的。

如前所述，准备工作是第一步，这包括确定你想说什么，不想说什么以及事先与记者、制作人或主持人讨论所有采访或提问的内容。在电视新闻直播或电台采访的情况下，通常都会有制作人提前和你联系，讨论和沟通采访内容。他们也可能会在直播前几个小时，甚至前一天，邀请你先非正式地谈论你将在直播中讨论的话题。在这段时间内，你将有机会确保和制作人对采访时你愿意谈些什么或不谈什么达成共识。这是一个双向的准备工作，制作人也要充分了解你对采访究竟知道多少，你是否能够在现场传达你要传递的信息，同时也需要确保你可以问任何你想问的问题，让你放轻松。接下来，你会收到邀请，告诉你在什么时候去工作室，或被告知主持人和摄制组会在什么时候过来找你。这些都会让你有时间做好准备。

电视直播可以采取以下3种形式：① 与主持人在演播室内面对面地访谈；② 接受来自外地演播室的远程访谈，那样的话你只能通过耳机听到主持人说的话而看不到主持人；③ 与主持人在演播室外面对面地访谈。其中远程演播室的采访可能是最能让没有经验的人感到紧张的。一般来说，你会在演播室的休息室见到制作人和工作人员，你在那儿会有机会与技术人员最后讨论一下采访的细节，随后技术人员将把你带到隔音室准备为你摄像和录音。然后，你将通过麦克风与一个团队（一般包括导演和技术人员)成员进行简短的交谈,他们将检查你能否听到声音,并会提醒你何时直播你与主持人的谈话。在这一阶段,你可以通过缓慢的深呼吸尽可能地使自己镇定下来。这时,你通常可以听到现场的声音,你可以利用这段时间来听听新闻,就好像你在家一样。如果你已经对采访做了充分的准备,那么这时候想太多反而适得其反,那样只会增加你的紧张情绪。当然最重要的是找到有效的方式使你保持镇定。

你也许会发现采访的过程其实蛮自然的,尤其是如果你和制片人能够事先沟通到位。你要尽量确保早一点提出自己的观点,并回答任何你认为有能力回答的问题;不要回答那些你可能不知道答案的问题。记住在任何暂停过程中都要深呼吸,要留意你自己的任何肢体语言或神经紧张。改善这种情况的一个好办法是在家里使用网络摄像头或摄像机进行练习,注意避免在录像上看起来不专业的举动,诸如抓耳挠腮之类的行为。但是适当的手部动作、头部倾斜和与摄像机镜头进行自然的视线接触可以真正有助于强化你的信息。这种肢体语言对某些人来说可能有些不自然,但是通过仔细的思考以及避免使用消极的肢体语言,就有可能表现出自信力和清晰度。站直,坐端正,这些简单的方法有时会很有效。

面对面的采访交谈一般会让人更舒服一些,因为你可以看到主持人,而且可以直接通过身体语言进行互动交流,这些都和远程访谈不一样。在演播室外的采访则更放松,因为现场主持人(如果他不需要像演播室里一样主持的话)通常有时间在采访前与你交谈和讨论,这自然有助于让你放松。

现场的电台采访与电视采访没有太大的不同。过程和设置大体上是相同的,你可以与远程演播室的主持人面对面(或者通过电话发言),或者和记者一起外出。我本人接受电台采访和电视采访时所采取的方式完全一样。当和主持人说话时,我的行为举止,包括使用手势或肢体语言,都和电视采访一样,这自然有助于清晰的口头交流。

这里是个人总结的一些应对直播采访的技巧:

(1)要始终保持尊重他人,当主持人要求你停下来时,你就要停下来,不要喋喋不休。

（2）不要打断别人，或者被别人打断。

（3）要有感情地表达你想传递的信息，这一点很重要，说话要清晰、响亮、自信、抑扬顿挫。

（4）在电视采访中，要注意避免紧张的肢体语言，比如摇晃、抓头皮或拽衣服。

（5）使用强调性的身体语言，可以自然地应用头部倾斜和手部运动等动作。但不要过于频繁，而且要掌握分寸。

（6）坐姿或站姿尽可能保持挺拔和直立。

（7）尽量避免在句子开头使用"嗯"或"那么"等语气词。如果需要的话，可以在开口之前停顿片刻，组织好你要说的话。虽然这些语气词常常是我们在有压力的情况下做出的反应，但尽量不要使用它们。

（8）不要试图回答任何你不知道的事情。

（9）记住你在被录像：注意不要说任何你不想被报道的、被胡乱引用和因你而产生不良影响的话。

（10）最后，你自己在摄像机前练习。你会惊奇地发现，任何录制设备都能自然而然地"强迫"你表现得好像你面前真的有观众一样。

除了像现场采访中采用的"采访者与被采访者"的形式以外，预先录制的采访还可以形成科学纪录片以及其他方式。它总体上和现场采访类似，但是你会有机会重新录制你不满意的部分。另外，制片团队可以有机会在发布之前对素材加以编辑。奇怪的是，我经常发现，如果自己知道有机会重新录制的话，我就会犯语言错误，而现场采访的压力似乎总是确保我第一时间就可以做好！在录制纪录片的独白时尤其如此，也许是因为没人会问问题，意味着我们可以直抒胸臆。我们说的话不再是一个简单的问答，而更多的是自发的选择。在这种情况下，你可以要求主持人或工作人员给你提示。可以是书面的，也可以是口头的问题，目的在于提醒你事先准备好的内容，从而有助于把独白分解成易于管理的段落。当然，在所有情况下，划定范围并逐条列出你要说的主要内容非常关键，特别是涉及一些重要的、一点都不能搞错的事实或数据的时候！

练习2:现场采访

这个练习有助于你在准备或面对现场采访、面对麦克风和摄像机时表现得自信一点。

(1)将本章练习1中准备的新闻稿传递给你的朋友或同事,前提是他们愿意扮演电视新闻采访者。让他们根据新闻稿准备一个问题清单,但请他们不要提前告诉你这些问题。

(2)在安静的房间里安装一个带麦克风的网络摄像头或摄像机,你和你的采访者可以尝试模拟一次现场采访的经过。把摄像机正对着你,但不要让你的采访者进入镜头,这样可以模拟将压力和注意力都集中在你身上(而不是你的采访者)的情形。

(3)让你的朋友或同事按选好的主题采访你,并进行录制。

(4)回看一下录像,最好是和你的朋友或同事一起看,看看你想传递的信息传递了多少。要关注你的表达方式、自信心、清晰度和肢体语言。有什么你不满意的或者你可以改进的吗?

(5)尽可能多次重复录像,直到你感到在摄像机前面更加自信和自然。

(6)更进一步的话,你可以考虑把这个场景转换为你职业生涯中经常发生的一部分,比如录制一个你所在研究领域的科普内容的播客或视频博客,并将其上传到一些视频托管网站,比如YouTube(详见第7章)。

6.6 小 结

本章探讨了与大众传媒接触的几种方法,并从研究人员的角度就如何传播科学信息提供了一些面对媒体采访如何做准备的技巧和建议。与媒体成功打交道的关键在于准备、练习和自信。虽然参与媒体活动可能令人紧张,但它可以教育和激励他人,科学进步的成果也会影响社会产生有意义的变革。

后续学习

本章的后续学习内容涉及如何获得与大众传媒打交道的有关经验，这些经验能使你更深入地思考什么是吸引他们注意力的最好办法，如何有效地提高你自己和你的研究的认知度。你可以尝试以下几项：

1. 提出一个想法：登录一个科普杂志或电视节目的网站，找到他们的投稿页面。用你在本章中学到的撰写新闻稿的方法，再结合网页上的投稿指南，围绕你当前或未来的研究提出一个想法。

2. 收听一档科学广播节目：找一个固定的科学广播栏目（例如 Jim Al Khalili 教授在 BBC 广播电台第 4 频道主持的 *The Life Scientific* 节目），记下这个栏目中你感兴趣的内容。想想有什么方面还不够吸引你？想象一下，你自己能为那个节目贡献些什么？如果真是这样，那么你如何成为其中一员？

3. 看看其他科学家：在网上看一个最近针对科研人员的电视访谈节目。思考他们做得好吗？他们能以简洁而有趣的方式来讲述他们的研究吗？他们和演播室里其他人的接触如何？试着观察一下，如果有其他好的例子，你可以从中学习；有哪些可能出现在你自己身上的坏习惯，你应该避免。

阅读建议

The Sciences' Media Connection — Public Communication and its Repercussions [3] 的第 1 章和第 2 章，与本章特别相关，其讨论了科学和科学传播在社会中的影响。*Introducing Science Communication: A Practical Guide* [4] 也提供了一些应对和参与媒体的好建议。英国的"科学媒体中心（Science Media Centre）" [2] 促进了学术界和新闻媒体之间的交流，通过这一积极主动的媒介，媒体可以征集专家

的引文并针对一些专题故事进行采访;学术界可以在他们需要让媒体注意的时候提升自己的公众形象。他们的网站上提供了关于专家注册的建议,注册成功后你会收到中心发出的相关消息的电子邮件,也会收到他们的评论请求。

Besley和Nisbet[5]发表过一个大规模研究结果,涉及英美科学家对媒体和公众的看法、他们对公众和媒体的总体认识,以及他们自己与媒体打交道的体验。与之相类似,de Bruin和Bostrom(2013)[6]研究了群体和个体对科学信息的处理方式,以及如何将这些信息演变成个人意见和公众舆论。为此,文章还探讨了如何向特定的受众以适当的方式呈现信息,以获得最大的接纳。最后,Bauer和Jensen[7]讨论了一项关于科学家参与公众活动的动机和有效性的研究,从而对科学传播的作用和实践提供了有趣的见解。这本杂志与我们谈论的话题高度相关,而他们的文章刊登在这本杂志的一个涉及更广泛内容的专刊上。如果需要的话,可以就这个主题进行更深入的探讨。

参考文献

[1] FAAM, 2016. http://www.faam.ac.uk.

[2] Science Media Centre, 2016. http://www.sciencemediacentre.org.

[3] Rödder S, Franzen M, Weingart P(ed). The sciences' media connection: Public communication and its repercussions[M]. Berlin: Springer, 2011.

[4] Brake M L, Weitkamp E(ed). Introducing Science Communication: A practical guide[M]. London: Palgrave Macmillan, 2009.

[5] Besley J C, Nisbet M. How scientists view the public, the media and the political process[J]. Public Understanding of Science. 2013, 22(6): 644-659.

[6] de Bruin W B, Bostrom A. Assessing what to address in science communication[J]. Proceedings of the National Academy of Sciences, 2013, 110(Supplement_3): 14062-14068.

[7] Bauer M W, Jensen P. The mobilization of scientists for public engagement[J]. Public Understanding of Science, 2011, 20(1): 3-11.

第 7 章

建立线上个人形象

通过互联网上的活动，你对特定人群的影响力将是超乎想象的。

——蒂姆·伯纳斯-李（Tim Berners-Lee）

7.1 引　　言

21世纪诞生了许多科学发明和技术进步的奇迹，但可以说，其中对社会影响最大的是互联网的发展；从少数专业人士专享的、有限的浏览器，到今天无处不在的、几乎全方位渗透到我们生活中的各式联网设备。

虽然有人批评互联网的海量信息会分散使用者的注意力，但不可否认，互联网对科学革新和发展具有促进作用。我们现在可以与身处世界各地的同事一起编辑文档，或通过线上视频会议设备与他们实时交谈。互联网也开辟了一个传播个人信息的途径，人们现在可以通过点击按钮或触控屏幕与朋友或陌生人分享图像、视频和故事。

鉴于互联网所提供的这种共享和即时连接的能力，建立某种特定的数字足迹已成为当今科学家们必须要做的一件事情了。虽然这不一定符合每个人的喜好，但重要的是要意识到建立有效的网络形象不仅可以帮助你更好地进行交流，还可以帮助你成为更有影响力的科学家。本章将介绍应该如何创建自己的数字足迹及如何更有效地进行交流。

7.2 博　客

开始构建个人数字足迹的最直接和最有效的方法之一，是建立一个网络日志或"博客"。博客是你所写文章的在线收藏，其形式几乎不受任何限制，可充分发挥想象力。你可以撰写有关你的研究文章，或者对最近的社会事件进行反思。你可以分享一篇论文的读后感或你所在国家的科学政治状况。同样，博客可以不限于文字，你可以分享关于你研究的图片，或者一个令人印象深刻的实验的缩时视频。有了这些潜在的可分享的内容，最重要的是再次问自己，你想要传播什么？为什么你想要传播这些内容？你想向谁传播这些内容？

在弄清楚你想传播的内容之后，最好先看看其他人的科学博客，看看已有的东西。网上有各种不同的博客，从像Ed Yong[1]和Alice Bell[2]这样的专业科学博客，到活跃的研究人员撰写有关他们工作的精彩博文。其中许多都是放在博客网络平台上的，如*Guardian*（《卫报》）[3]和*Scientific American*（《科学美国人》）[4]。通过阅读这些博客，你很快就会发现，最成功的博客（在质量和读者数量方面）是那些有新鲜话题，并以清晰且强有力的语气进行叙述的。就像编辑一本科学期刊一样，只是收录已经被发表过的内容是没有价值的。同样地，写一些世界上只有两三个人能够理解的内容也是没有意义的。

　　几乎所有成功的博客都是为一般大众读者而撰写的，除非你有特定的理由为更专业的读者撰写文章，否则你应该在撰写博文时考虑到大众读者。以下是撰写高影响力博客的 5 项实用技巧。

　　（1）保持简明：控制博文的字数在 400 ～ 600 字之间。可能存在需要更多文字做深入解释的情况，但不出意外这肯定会降低你的读者数量。

　　（2）使用金字塔结构：从关键结果开始叙述，然后讲述你是如何得出这个结果的。如果前两句话没有足够的吸引力，那么人们就会停止阅读。这两句话通常也会出现在搜索引擎的搜寻结果中，所以如果它们足够有趣，那么将有更多的人会阅读它。如图 7-1 所示，这种写作风格几乎就是科学期刊文章的镜像。在获得有趣的信息之前，许多非专业的读者根本没有耐心去浏览背景资料和相关内容！

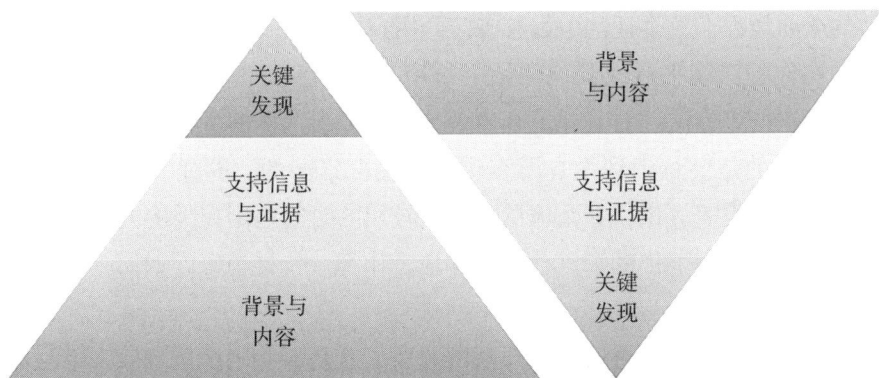

图7-1　博客文章（左）和科学论文（右）的结构差异

　　（3）让你的奶奶读你的博文：当你完成最初的几篇博文时，请找一个没有科学背景的朋友或家人来阅读你的帖子，并请他们指出不理解的部分，或读不通的部分。

　　（4）保持原创，甚至保持一定的刺激性：没有人会阅读他们以前见过的东西。同样地，保持中立没有任何意义，虽然你应该始终尊重他人的意见，但提出你的意见是没有害处的。当然前提是你愿意在需要时为你的观点进行辩护！

（5）定期发布：每2周至少写1篇文章；当你更有把握之后，提高一个档次，开始每周或更频繁地发布。如果你每6个月才更新一次，人们就不会一直去查看你的博客了！

当你开始撰写博客时，请务必咨询你的部门主管，就你的想法咨询你所在单位的法律团队，在适当的时候你还要写一份免责声明。最为重要的是，不要写任何你不愿意在学术会议上发表的内容。此外，如果你想要发布前期初步结果，请确保它们不会危及你或你的同事正在为之努力的任何潜在的将要出版的文章或出版物。

一旦决定了你要传播什么，为什么要传播，以及传播的对象，下一步需要考虑的是托管网站。有非常多的免费或收费的网站可以托管你的博客，需要判断哪些网站最符合你的品位和你的写作（或图片、视频等）风格。两个最受欢迎（和免费）的博客平台是Wordpress[5]和Tumblr[6]，此外还有很多网站可供选择。所有这些网站都提供了有关设置博客的技术细节的全面教程，每个社区中都有专门的用户组，可以随时为你提供帮助。

在你的博客平台或其他网站上与用户进行互动，是吸引关注并开始建立社群的好方法。对其他博客发表评论将吸引这些博主访问你自己的博客，重要的是要意识到没有博客作者是离群索居的。同样，如果人们在你的网页上发表评论，那么请尽可能在较短的时间内用有趣的方式回复他们。不要害怕捍卫你的意见，但同样地，作为一位科学家，如果犯了错误你也应该承认。

你可能已经听说过所谓的互联网恶魔，就是那些用虚假身份来撰写攻击和煽动性评论的人。如果你在博客上遇到这种情况（这种可能性不高，除非你写的东西包含特别有争议的内容），请记住，作为网站的博主，你拥有最终的控制权。你只需删除评论而不用对其进行回复，并将发表恶意评论的人报告给博客平台的管理人员。对付这些人的最好方法是不让他们得到他们所渴望得到的关注。

如果你无法每周写一篇博客文章，那么可以考虑加入博客作者群。可以找到一些与你有相似兴趣的同事，也可以加入一些现存的社群并进行互动，例如ScienceBlog[7]或其他小区域范围的网站，或者位于英格兰西北部的The Brain Bank[8]。

练习：写博客

　　首先坐下来，好好计划你想传播的内容和为什么要传播。你是想撰写博客文章、详细说明你目前从事的研究的有趣之处，还是想展示你实验室中的一些奇异的微生物？无论是什么，尽量保持主题足够宽泛，以便在6个月后仍然有一些东西可以写。

　　想清楚为什么要写博客和想写些什么之后，你需要考虑一下你的目标受众。上网去浏览一些不同的博客平台，看看哪一种最适合你？试着列出5～6个主题，并按照上面列出的技巧撰写博文。请记得参与你的博客社区的互动，并及时回复任何评论。很快你就会成为一名博客专家，能够以创新和吸引人的形式向各种各样的读者传达各种主题。

7.3　播　　客

　　另一种建立数字足迹的好方法是创建一个播客。播客实际上是一个音频博客，你可以通过声音媒体与听众进行交流。它可以是一种非常有效的科学交流工具，也是建立一个与受众互动的简单方法。

你可能认为录制播客是一个困难且昂贵的过程，但实际上你只需要一台计算机、一些编辑软件（大多数可以免费获取），一个不错的麦克风（大多数现代笔记本电脑的内置麦克风也可以），以及在线播放播客的网站。

与撰写博客一样，你需要做的第一件事就是确定你想要传播的内容、传播的目的以及传播的目标对象。一旦这些都确定了，请按照以下5个简单的步骤进行操作。

（1）确定音频格式：明确要录制的是系列访谈呢，还是圆桌讨论或现场直播？无论你做什么，记住你使用的媒介是声音，所以要确保录入一些相关的声音或效果来强调你的重点，让你的故事变得生动。例如，如果你想谈论最近一次暴雨对大气的影响，那么不妨在背景中播放一些雨声。Freesound[9]可以为你的播客提供很多免费声音资源。

（2）选定录制和编辑软件：在找到适合你的工具之前，建议尝试一些不同的工具包。可以先试试Audacity®[10]，这是一款非常棒的免费开源跨平台软件，可以实现极其专业的录制，并且它也很容易安装设置。

（3）选择录音地点：如果你在室内录音，那么请确保在一个安静的房间里，没有噪音，不会分散注意力，并关闭手机。如果你使用电脑进行录制，请记得关闭电子邮件提醒音等，以免它们打断录制！不要害怕在外面录音。如果你在现场，试着找一个背景噪音会有助于给你的节目营造气氛或帮助你进行交流的地方。例如，如果你想要谈论甲烷排放对农场的影响，那么不妨在农场中录制一段声音。

（4）考虑转场切换：在影片中，如果场景的切换很笨拙且不顺畅，它会影响演出的整体质量。播客的不同段落间的切换也是如此。仔细考虑连贯性，合适的开场和结尾音乐可以让一个好的播客升华成为一个很棒的播客。

（5）决定你的播客在哪里上线：有很多免费网站可供选择。其中一些可以提供更大的贮存空间，有利于你更新数据；另外一些则提供市场推广机会。其中最好的是SoundCloud[11]和PodBean[12]。当然，你也可以在

iTunes上注册播客以供下载，iTunes还在其网店中提供了一系列有关播客的常见问题解答[13]。

许多维护博客的要领也适用于成功地管理一个播客。这些包括定期发布录音并确保你自己成为活跃的用户社群成员，而不只是简单地发布录音而不参与任何进一步互动交流。

7.4　社交媒体平台

所谓社交媒体，就是用来进行网络联系和交流的应用程序或网站。因此，博客和播客也可以被认为是社交媒体。正如上面所介绍的，各自都有很多种不同的平台可用，例如Wordpress，Tumblr，SoundCloud等。除此之外，还有一些其他社交媒体平台可以有助于你成为一个高效的科学传播者，最终也有助于促进你的研究。

几乎每天都会有新的平台出现，随着这些平台的普及，它们的状态也在不断变化。因此，尝试对所有不同的平台进行介绍将需要数百个（甚至是数千个）页面；而网络平台的动态特性则使得所有关于细节的介绍很快就会过时。这里，我们主要介绍一些不同的社交媒体平台，这些平台是目前进行有效的科学传播中最为有用的。同样，本文避免介绍使用这些平台的技术细节，因为这些也是很快就可能被改变的，最好由你自己通过实践体验。反之，本文给出了每个平台的简要概述，并提供了如何最好地利用该平台以最大程度地发挥其潜力的建议。

在考虑使用哪些社交媒体平台时，最重要的是找到适合你的平台。在选择时要用点心思，要找到你认为最适合实现目标的媒介，以及在界面和易用性等方面挑选最符合你自己偏好的。

7.5　推　　特

推特（Twitter）[14]是一个社交媒体平台，它使你和其他用户建立联系，并以140个或更少的字符分享你的想法。虽然许多人认为它是体育迷或流行音乐明星的专享平台，但如果你能有效地使用它，它也可以成为科学传播中极其有效的工具。这些140个字符的短消息被称为Tweet。除了文本之外，还可以包含超链接、图像和视频。当前（在撰写本文时），每个超链接、图像和视频最多可填写22个字符（包含在140个字符内）。

Twitter的社交方面涉及"关注者"。这些人决定关注你，要么是因为他们认识你，要么是因为他们觉得你发表的内容有趣。你的Tweet将显示在他们的Twitter时间轴上，就像被你关注的Tweet会出现在你的Twitter时间轴上一样。

如果你想要给某个特定的人发Tweet，那么你应该使用他们独特的Twitter句柄来解决这些问题，该句柄由"@"符号引导。例如，如果你想给IOP Publishing写Tweet告诉他们你很喜欢这本书，你应该这样写：

"@IOP Publishing我真的很享受学习如何成为一位有影响力的科学传播者！"

需要记住的一件重要事情是，如果你使用Twitter句柄发布Tweet，那么唯一能看到它的人就是那些既关注你也同时关注你的发送对象的人。在前面的示例中，只有同时关注你和@IOP Publishing的人才能看到你的Tweet。你也可以使用Twitter向你的一个关注者发送直接消息（Direct message, DM）（假设你们俩彼此关注！），这个直接消息只有你们两个人能看见，这是一种方便的沟通方式，只需确认它确实是你想发送的直接信息！题为"Mom this is how Twitter works"的博客[15]，以轻松和详尽的内容提供了许多如何使用Twitter进行互动教学。

有效使用Twitter的10大技巧：

（1）**写一篇好的个人简介**：确保你的个人Twitter简介不仅独一无二，而且具备信息量或趣味性（或两者兼有），还要提供一张好的个人资料照片和一些有趣的背景图片！

（2）**定期发Tweet**：为了吸引并留住关注者，你每天应该至少发送3～5条。这将确保你向各种各样的人发送相关信息。

（3）**关注有趣的人**：除了关注相关科学领域的一些热门人物之外，你还应该考虑关注那些会就一般科学发表有趣Tweet的人。

（4）**宣传你的研究**：确保推送你最新发表的论文或演讲的链接。它将确保你的研究内容获得比正常情况更多的受众；你可以通过Twitter的内置分析工具包了解受众的确切规模。它还将提高你的研究论文的影响力[16]。也请务必使用Twitter宣传你的所有其他网络活动，例如博客和播客。

（5）**使用主题标签**：主题标签（#）是记录一系列想法或过程的好方法，它们还能使大量受众更容易查找和访问你的Tweet，因为你可以在Twitter上搜索不同的主题标签（那些被标注了热门主题标签的主题被称为"流行趋势"）。例如，如果你正准备发布关于"开放获取"优点的Tweet，请尝试在其中留出空间使用主题标签（#），这将帮助你的Tweet得到更多关注。

（6）**保持简明扼要**：你只能使用140个字符，所以每个字符都很重要！不要把这看作是一个限制，你应该把这个看作一种助力，帮助维持你的Tweet简明扼要！

（7）**介绍你自己**：虽然你应该避免发布任何过于私密的内容，但重要的是让你的关注者了解你是一个真实的人，有真正的兴趣与喜好。但请记住一点，他们可能不想知道你晚餐吃了啥。

（8）**要有礼貌**：你在大庭广众之下不会说的话，也不要在Twitter上说；你不会当着某人的面直接说的话，也不要在给他的Tweet中说。对于所有社交媒体平台来说，这些法则都很有用，而对于Twitter来说尤其如此，不然你可能很容易地发出一些Tweet，而事后则后悔不已。

（9）**使用Tweet聊天**：这是一种参与以社区为基础的大规模网络交流的好方法，不用花太多力气又可以提高参与度。"青年专职研究人员"（Early Career Researchers, #ECRchat）[17]是一个非常好的Tweet聊天群，其为早期职业研究者提供全球性的每两周一次的讨论。在你参加此类活动之前，最好预先告知你的关注者，以便他们可以对突然涌现的大量Tweet有所准备！

（10）**在会议时发送Tweet**：这是与你的社群建立联系的好方法，且对于那些无法参加会议的人来说，这将提供非常有用的资源。请记得使用大会和专题会议的主题标签（如果有的话），并请在开始大量发送Tweet

之前提醒你的关注者。如果你有想参加却无法参加的会议,那么追踪会议的官方主题标签(几乎所有会议都有),这是了解会议讨论内容的好方法,并且还有机会让你加入在线讨论。

练习:写一条Tweet

想象一下你要做的下一个演讲。尝试将所有关键点压缩成140个字符,形成一则Tweet。什么是你想说的重点,如何以简洁和富含信息的方式传达这个信息?请尝试包含一些相关的主题标签以取得更多关注。

7.6 脸　书

脸书(Facebook)[18]是一个在线社交网络平台,你可以与好友以及更广大的社群分享信息、照片和视频。通过创建你的个人页面,你可以将你的喜好及个性展示给每一个你想与之分享的人。你可以使用安全设置决定谁可以看到你在Facebook墙上发布的特定内容。来自你的好友以及你所关注的群组的帖子会显示在"动态消息"上。

Facebook的社交活动来自你对某些帖子的"点赞"以及对它们的评论,从而形成了一个小众或大众都可以参与的对话。你也可以发送个人消息并设置群聊;你也可以在其中共享文件,就像使用电子邮件一样。

除了建立个人页面,Facebook还提供了为你的业务或其他兴趣创建页面的机会,然后你可以邀请其他人关注,最终可以用作你企业的官方页面。在这个Facebook页面上,你可以分享你的照片和视频,也可以就任何你希望让人们知道的东西发布广告。你还可以创建活动,然后在此处做宣传,并邀请你的好友和关注者参加。Facebook最大的优势之一是能够塑造社群意识,人们也有机会浏览你的页面,并与他们的朋友和同事分享。

也许科学家使用Facebook最大的两个缺点是:一是它很容易分散注

意力，二是它很容易成为堆放文章的场所，而不是一个充满活力的线上双向沟通社群。为了不被Facebook的个人和社交方面分心，重要的是要记住你是以科学家的身份使用它，这是你应该使用它的唯一情景。有效地利用你的时间与发表评论的人进行有意义的讨论，而不是用这个平台来玩游戏。为了帮助你的Facebook页面成长为一个充满活力的在线社群，请发布能引起互动的内容（例如提出问题或问卷）。就像博客一样，考虑你发布文章的时机，并确保你的内容很有吸引力。与Twitter一样，在页面中加入一点你的个性也会有所帮助，只是不要过多。Facebook上精彩的科学网页包括：News from Science[19]，the Scientific American magazine[20] 和 NASA[21]。所有这些页面都发布了信息量大、趣味性强的常规内容，它们也吸引用户花费大量精力以有效且有意义的方式在社群中进行交流。

7.7 领　　英

领英（LinkedIn）[22]是一种以职业为导向的社交网络服务，主要用于建立职业网络。与Facebook不同，LinkedIn非常关注与那些有职业背景的人建立和保持联系。在创建了一个个人简历（实际上就是数字简历）后，就有机会加入不同的团体，并与你认识的人进行个人或专业的交流。在科学交流方面，LinkedIn的最佳用途在于两个方面：一方面是交互式讨论平台，另一方面是就业市场。

如果你想将LinkedIn用作有效的讨论平台，那么找到一些与你最为相关的群体是很重要的。这类团体大多需要对成员进行资格审核，因此你需要提交一些证据，例如大学校友会或通过考核或相关的专业知识等，方能取得成员资格。一旦你加入了这些团体，讨论平台就是一个很好的渠道，可以随时了解当前你所在领域进行的一些讨论。加入这些讨论组也是与来自世界各地的其他同行进行联系的有效方式，并可以展示你在自己学科中的实力。虽然群聊可以成为一种宣传你的数字足迹（例如博客文章）的有效方式，但重要的是不要简单地将它们视为营销工具，而要能利用它发起对话，并为正在进行的讨论添加一些新的内容。

LinkedIn不仅是寻找工作的绝佳资源，还是连接未来机会的窗口，其中一些机会你甚至可能都还未意识到。通过保持当前的形象并积极参与若干群聊和在线讨论，你可以很好地向未来的雇主推销自己。只需确保你的个人资料，包括你的工作经历、证书以及出版物都得到及时的更新。创建一个独特的LinkedIn URL（可以免费使用）也是一个非常好的主意，因为这可以放在传统简历的顶部，从而为潜在的雇主提供有关你的职业以及相关技能的更详细的信息。图7-2给出了一个典型简历标题的示例，包括LinkedIn和ORCID（参见第7.10节）识别号。

Samuel M. Illingworth PhD
E: s.illingworth@mmu.ac.uk • T: +44 (0) 161-247-1203 • Manchester, UK
uk.linkedin.com/in/samillingworth • orcid.org/0000-0003-2551-0675

图7-2 简历标题示例，其中显示了LinkedIn和ORCID的信息

你还可以通过LinkedIn列出你的技能，然后可以请和你有联系的人为你的技能背书。这是一种有效的方式来证明你不是自吹自擂，而且能证明你是这个领域公认的专家。此外，LinkedIn还提供了从以前的雇主和同事那里获得推荐的机会，这些推荐与背书，都可以用来进一步展示你的技能和专长。当然，如果你没有获得背书，那也可以请求同事推荐你，或者可以考虑从列表中把相关技能删去。

练习：更新你的LinkedIn个人资料

你们中的许多人可能有LinkedIn个人资料，但你上次更新信息是什么时候？请留出几个小时来更新所有内容，包括一张外观专业漂亮的个人资料图片，理想情况下应当是近期照片！对于那些没有LinkedIn个人资料的人，请注册一个，然后按照说明进行操作，确保适当地填写内容，注意不完整的内容是不会受到关注的。遗憾的是，将出版物上传到LinkedIn可能有点麻烦，因此建议上传3～5篇代表作。你还可以提供其他数据库的链接，例如ORCID（请参阅第7.10节），感兴趣的读者可以依此自行查询。

7.8　YouTube

YouTube[23]是一个视频分享网站，用户可以发布视频、创建播放列表以及通过"喜欢（和不喜欢）"与其他用户互动、发表评论。这些活动都是以YouTube频道为中心，而所谓YouTube频道则来自某个人或组织的所有视频集中存放的地方。你可以通过订阅这些频道，确保能够从喜爱的YouTuber获得定期发布的最新视频。

YouTube拥有大量有用的信息，从可爱的猫[24]到内墙制造的说明[25]，几乎无所不包。YouTube还拥有许多创新的科学频道，这些频道探索科学的方方面面，是高效科学传播的极佳例子。最好的两个是MinutePhysics[26]和SciShow[27]，两者都有数百万订阅者，它们从事教育并宣传各种科学主题，从探索暗物质到介绍一些人类历史上最伟大科学家的传记。

如果你止在考虑创建自己的YouTube频道，那么请务必参考本章前面所讨论的有关博客和播客的所有建议。除此之外，强烈建议你与有拍摄和编辑经验的朋友或同事合作，因为有很多本来应该很棒的YouTube视频因不专业的拍摄而导致令人失望的结果。在建立你的订阅者清单时，与其他YouTube社区进行互动也很重要。一旦你建立了个人频道，可以考虑与其他成功的YouTube视频博主一起制作一些特邀视频，从而将你的工作介绍给其他博主的受众。

练习：从视频中获得灵感

登录YouTube，观看MinutePhysics或SciShow频道（或你选择的其他频道）中的几个视频。然后向下滚动并阅读视频的评论，看看你是否可以弄清楚人们真正关心的是什么。如果你觉得有什么东西需要添加到讨论中，请随时发表评论并加入讨论！

7.9 研 究 之 门

与本章提到的其他例子不同,研究之门(ResearchGate)[28]是一个为研究人员设计的社交网站。ResearchGate被学者用来分享他们的论文,进行与他们的研究相关的对话及寻找未来的项目合作者。

在构建关于你的研究领域和专业知识的简介之后(与LinkedIn的方式类似),你还可以手动或使用数字对象识别码(digital object identifier, DOI)上传你的所有出版物。与LinkedIn一样,同事可以背书你的特定技能和专业知识;还有一个就业板块,可以根据你的专业知识和技能组合为你推荐工作。

除此之外,你还可以回答其他研究人员提出的问题,这些问题可能与你所发表的文章或研究领域有关。ResearchGate还可为你提供你论文的引用情况,以便了解最近有多少人从网上浏览和下载了你的论文。你也可以关注其他研究人员,以及时了解他们最近的动向。

ResearchGate并不具备有些社交媒体网站所具备的提示功能,但这可能是一件好事,因为可以减少分心,而它的几乎所有的活动和对话都可能和你的科学事业相关并且有帮助。

7.10 其　　他

上面介绍的只是社交媒体网站的一部分,更为详尽的列表可参见Andy Miah教授的博客文章 "The A to Z of social media for academia"[29]。另外值得一提的平台包括Instagram[30]和Flickr[31],它们主要用于照片的分享。还有Google+[32],这是一个非常有用的工具,用于创建特定在线社区并参与互动。但Google+事实上并没有像许多人期待的那样成功,而且随着谷歌专注于其他方面的业务,它的普及率也不见得会提高。Mendeley[33]和Academia.edu[34]是和ResearchGate相类似的专门为研究人员服务的社交网络。Reddit[35]通常被称为"互联网的首页",实际上是一个由数十万个留言板组成的群组，任何你可能关心的主题，都能在这里找到相应的讨论组。Reddit有一套根据大众关注度管理帖子排序的规定，这也许是明智的运作方式。New Reddit Journal of Science[36]对Reddit网站有详尽的介绍。最后，Periscope[37]可以让你对自己正在进行的活动或实验进行直播和评论，并且为读者提供对作者进行实时提问和互动的机会。

ResearcherID[38]虽然和这类的社交媒体网站不太一样，但它可以成为你建立数字化文库的一个非常有用的工具。它为你提供独一无二的识别码，你可以将其用于你的出版物中，并用来追踪你的工作。如果你在出版物中使用了不同的名字写法（例如缩写或中间名），这将非常有用。除了直接链接到参考书目管理软件EndNote[39]和科学引文索引服务 Web of Science[40]之外，你的ReseracherID也可以同步到ORCID[41]，这是一个额外的个人识别号码，也可以应用在申请计划基金，以确保你的每一个出版物都有合适的记录。传统简历有时候篇幅受到限制，因此在简历中嵌入ORCID简介的链接也是一种介绍你所有出版物的有效方式（见图7-2）。

另一个有用的数字工具是IFTT[42]，这是一种基于网络的服务，其含义是"如果这样，那么那样"（If this，then that），它允许你创建自己独特的自动链接方式或菜单，例如每当你把播客上传到托管网站时，相关链接会通过Tweet发送。这是一种很好的方法，可以确保你所有的输出都汇成一个连贯的串流，将你的数字足迹组成优雅的华尔兹。诸如Diigo[43]和StumbleUpon[44]之类的社交书签网站还可以让你密切关注其他人的数字足迹，帮助你跟踪资源、评论线索，并且与众多不同且吸引人的社区保持联系。

7.11 数字合作

互联网不仅是宣传你的个人技能、查询信息和管理研究文集的绝佳资源，它还提供了真正的国际合作的完美方式，只需点击几下鼠标或触摸屏幕即可跨越空间障碍。就像电子邮件早已取代了传统的信件或传真而成为我们选择的通信工具一样，互联网提供了更多创新和有效的方法让我们可以与全球其他科学家合作。

视频会议是召开小组会议的有效方式，不但节省时间和金钱，而且对环境保护有积极意义。和社交媒体一样，有许多免费或付费的视频会议软件。最好尝试一些不同的软件，看看其中哪一个最适合你的需求，其中最著名的两个是Skype[45]和Google Hangouts[46]，它们都提供免费的视频会议设施，可支持多参与者同时参加会议（当然都有人数上限），同时还提供屏幕共享和其他工具。Google Hangout还为你提供录制通话的机会，然后直接通过你的YouTube频道直播，并允许非参与者通过论坛提问。

主持或参与视频会议时，务请事先测试连接，并确保你的同事也是注册用户并拥有所需的软件。如果有一大群活跃的参与者，那么使用此类套装软件的即时通信功能可能是一个比较理想的方式，不然如果15或20个人想要同时说话那就比较困难了！与所有会议一样，重要的是要有一位优秀的主持，并扣紧议程进行。

文档共享工具，例如Google Docs[47]或Dropbox[48]，提供了一种非常有效的演示文稿或文稿协作方式，允许实时共享和共同编辑文档。这意味着你可以轻松地为不同的研究项目创建文件夹，只要有互联网就能与其他合作者进行共享。

7.12　小　　结

本章讨论了创建可管理、具备信息量且有吸引力的数字足迹的重要性，并为如何成功地管理博客、播客和社交媒体的设置等方面提供了实用建议和指南。

过多的选择往往让人不知所措，所以重要的是要记住，一个人不可能同时撰写很多成功的博客、运行播客、又活跃于各个社交媒体网站，还能有时间完成科学研究！构建有用和吸引人的个人文集的最有效方法是，将你的数字足迹放入一些不同的媒体中，并确定哪些最适合你自己的技能和需求。

最终，你应该考虑参加科学博客和播客的比赛，例如SciWriter[49]比赛和The Podcast Awards[50]。你可能不认为自己有机会得奖，但俗话说

"爱拼才会赢!",至少这也为你提供了展示你的努力和成果的机会。

最后一项建议是有关个人身份和职业身份的问题。一些雇主对于你在某些社交媒体网站上发布的内容有非常严格的规定。如果你一定要发布的话,你必须要提供相关的免责声明。请记得仔细阅读这些内容,并且在你向任何平台发布任何内容之前,问自己一个问题:"我是否愿意并且能够为这些论述辩护?"

后续学习

本章的后续学习内容旨在帮助你思考如何进一步发展个人线上数字足迹:

1. 录制播客:如果你选择使用发布音频的方式进行传播,请按照上述关于播客内容中给出的建议进行操作,建立自己的播客。请记住,事先规划好你要传播的大致内容是很重要的(不过要注意,完全按脚本进行录制的播客内容可能让听众感到不自然),也需要想好如何推广你的播客并最终围绕它建立一个社区。

2. 加入一个Tweet聊天群:找一个和你兴趣相关、并且你愿意加入讨论的Tweet聊天群。在参加了几次线上讨论后,尝试申请主持一次线上讨论会议。因为在一般情况下,主持人会由讨论小组中较为活跃的成员轮流担任。

3. 创建/更新你的ReseracherID配置文件:填写你的所有详细信息,并同步你的相关出版物,然后花时间与一些同事和共同作者联系,并以你的专业背景为他们拥有的技能背书。然后,查看在你相关专业领域所发布的一些问题,看看你是否能够提供答案或参与讨论。此外,请记住更新你的ORCID,以便让读者轻松地获取你所有的出版物。

4. 给建立一个网站:如果你的线上数字足迹资料开始变得拥挤,那么可以考虑建立一个个人网站,托管你的所有信息,并作为你个人信息的留存页面。有许多免费或付费的软件或线上服务可以用来协助你创建网站,去试用看看,从其中找出最适合你的。

建议阅读

有很多书可以教你如何在社交媒体上建立跨平台的关注，这里有一些很棒的免费在线资源，例如维基的 *Social Networking for Scientists*[51] 和 Science Careers[52] 的 *A Scientist's Guide To Social Media*[53]。此外，*53 Interesting Ways to Communicate Your Research*[54] 一书还以简洁和引人入胜的方式，汇总了许多以数字方式对你的研究进行传播的技巧。如果你有兴趣了解第一个科学博客的作者是谁，*Scientific American Article* 有一篇非常有趣的文章[55] 就这个问题进行了深入的讨论。最后，如果你认为你有可能对 Vlogging 感兴趣，那么欧洲地球科学联盟（European Geoscience Union）与 Simon Clark 一起制作了一份很好的指南[56]，而 Simon Clark 本人也是一个非常成功的科学视频博客 SimonOxfPhys[57] 的博主。

参考文献

[1] Ed Yong, 2016. http://phenomena.nationalgeographic.com/blog/not-exactly-rocket-science/.

[2] Alice Bell, 2016. http://www.alicerosebell.com/.

[3] Blog network[N/OL]. Guardian, 2016. http://www.theguardian.com/science/series/science-blog-network.

[4] Scientific american blogs[EB/OL]. Scientific American, 2016. http://blogs.scientificamerican.com/.

[5] Wordpress, 2016. http://www.wordpress.com/.

[6] Tumblr, 2016. http://www.tumblr.com/.

[7] Scienceblog, 2016. http://scienceblog.com/.

[8] Brain Bank Blog, 2016. http://thebrainbank.scienceblog.com/.

[9] Freesound Effects, 2016. http://www.freesound.org/.

[10] Audacity, 2016. http://audacity.sourceforge.net/.

[11] SoundCloud, 2016. https://soundcloud.com/.

[12] PodBean, 2016. http://www.podbean.com/.

[13] How to host podcasts[EB/OL]. iTunes, 2016. http://www.apple.com/uk/itunes/podcasts/creatorfaq.html.

［14］Twitter, 2016. https://twitter.com/.

［15］Mom this is how Twitter works, 2016. http://www.momthisishowtwitterworks.com/.

［16］Altmetrics, 2016. http://altmetrics.org/manifesto/.

［17］ECRchat, 2016. https://ecrchat.wordpress.com/.

［18］Facebook, 2016. http://www.facebook.com/.

［19］News from Science Facebook Page, 2016. http://www.facebook.com/ScienceNOW?ref=ts.

［20］Scientific American［EB/OL］. Facebook Page, 2016. http://www.facebook.com/
ScientificAmerican?ref=search.

［21］NASA Facebook Page, 2016. http://www.facebook.com/NASA?fref=ts.

［22］LinkedIn, 2016. http://www.linkedin.com/.

［23］YouTube, 2016. http://www.youtube.com/.

［24］10 cutest cats moments, 2016. http://www.youtube.com/watch?v=q1dpQKntj_w.

［25］How to build an interior wall, 2016. http://www.youtube.com/watch?v=HAD2-ubd42g.

［26］MinutePhysics YouTube Channel, 2016. http://www.youtube.com/user/minutephysics.

［27］SciShow YouTube Channel, 2016. http://www.youtube.com/user/scishow.

［28］Research Gate, 2016. http://www.researchgate.net/.

［29］Miah, A. The A to Z of social media for academia［R/OL］. Times Higher Education,
2016. http://andymiah.net/a-to-z-of-social-media/.

［30］Instagram, 2016. https://instagram.com/.

［31］Flickr, 2016. http://www.flickr.com/.

［32］Google+, 2016. https://plus.google.com/.

［33］Mendeley, 2016. http://www.mendeley.com/.

［34］Academia.edu, 2016. http://www.academia.edu/.

［35］Reddit, 2016. http://www.reddit.com/.

［36］Journal of science［J/OL］. New Reddit, 2016. http://www.reddit.com/r/science/.

［37］Periscope, 2016. http://www.periscope.tv/.

［38］ResearcherID, 2016. http://www.researcherid.com.

［39］EndNote, 2016. http://www.myendnoteweb.com/EndNoteWeb.html.

［40］Web of Science, 2016. http://www.webofscience.com.

［41］ORCID, 2016. http://orcid.org/.

［42］IFTT, 2016. https://ifttt.com/.

［43］Diigo, 2016. http://www.diigo.com/.

［44］StumbleUpon, 2016. http://www.stumbleupon.com/.

［45］Skype, 2016. http://www.skype.com/.

［46］Google Hangouts, 2016. http://www.google.com/+/learnmore/hangouts/.

［47］Google Docs, 2016. http://www.google.co.uk/docs/about/.

［48］Dropbox, 2016. http://www.dropbox.com/.

［49］Competition［EB/OL］. SciWriter, 2016. http://www.ge.com/world-conference-science-
journalists/sciwriter-blog-ging-competition.

［50］The Podcast Awards, 2016. http://www.podcastawards.com/.

［51］Social networking for scientists［R/OL］. Wiki, 2016 http://socialnetworkingforscientists. wikispaces.com/General.

［52］Science careers［J/OL］. Science, 2016. http://sciencecareers.sciencemag.org/.

［53］A scientist's guide to social media［J/OL］. Science, 2016. http://www.sciencemag.org/ careers/features/2014/02/scien-tists-guide-social-media.

［54］Haynes A. Interesting ways to communicate your research［M］. Newmarket: Professional & Higher Partnership, 2014.

［55］Science blogs-definition, and a history［EB/OL］. Scientific American, 2016. http:// blogs.scientificamerican.com/a-blog-around-the-clock/science-blogs-definition-and-a-history/.

［56］Vlogging 101: A beginners guide to video blogging, 2016. http://blogs.egu.eu/ geolog/2016/04/04/vlogging-101-a-beginners-guide-to-video-blogging/.

［57］SimonOxfPhys, 2016. http://www.youtube.com/user/SimonOxfPhys.

第 8 章

科 学 与 政 策

没有政策的科学仅仅是对知识的追求，而没有科学的政策则是无知狂妄的野心。

——格兰特·艾伦（Grant Allen）

8.1 引　　言

　　我决定引用我自己说过的一句话作为本章的开始。这段话似乎暗示着，科学自身会发挥很好的作用（非常感谢它）；而政策如果缺乏科学，其结果只能是失败。而其另一个解释是，科学能够认识宇宙，也能够认识栖居在宇宙某个微小角落里的人类；然而除非这些认识能够为发现它的人群带来积极的变化，否则就是没用的。变化是必须的、不可避免的，而且是永不停顿的；毕竟时间的推移是可以通过发生的各种事件来做出精确的界定。然而，我们日常生活中表现出来的变化，在很大程度上是政策导向的结果。这些政策是由"决策者"制定的，他们可能是管理者、立法者、政府官员、经理、首席执行官或者大学校长等。政策决定了现代的文明、法规以及我们对地球的影响。不管我们是否喜欢，政策定义了我们的世界以及我们生活的大部分，其程度超过了我们的认识。不管怎样，"好"的政策，或者说相对"优化"的政策是以知识为基础的，是决策者们在对知识进行理解的基础上，运用这些知识对于政策潜在的影响做出预测的结果。

　　这就是为什么政策一定要有科学的成分。没有明智的政策，我们将任由来自某些集团或个人的独断专行和主观臆断所摆布，这些人要么不是专家，要么带有个人狭隘的偏见。科学为决策者提供了证据基础、智慧和预测的能力，让他们在现实环境允许的范围内做出最佳的选择；而这个环境,本身也受到科学和政策的影响,反映了我们的诉求、愿望、思维方式以及生活方式。然而,带给决策者重要信息的途径并不总是最佳的,也并不一定像我们所期待的那么好。

本章内容涉及科学对政策形成支持和影响的途径。我们将探索一些已经建立的和已经被验证的方法,看看在这些方法中,科学是怎样在现代社会被用于决策,以及科学的声音怎样被大众所聆听。政策往往都是大家意见达成一致后才制定出来的。虽然会有另外一些声音,可能是相反的意见,但我们每一个人都扮演着一个角色,提出最好的决策基础和事实根据、反映大众的诉求和呼声。对于决策者来说,专家的指导和意见,特别是独立的学术思想,是非常有价值的。但是这些指导意见必须是准确和真实的,而且是以一种能够被理解的方式被听取和接受,才能起到作用。

8.2　科学如何影响政策

有各种各样直接和间接的方法可以让科学和知识深入政府官员、立法者和政策制定者的思想意识。间接方法往往不那么具体，而且往往有失偏颇。这其中可能包含长期形成的个人意见，这些意见可能来自阅读文件、看电视新闻、社交媒体的互动，或者是某些集团组织有针对性的游说。这些途径显然扮演着一些强有力的角色。通过这些被动媒体进行科学交流的方法已在本书的其他章节进行论述，这里我们把注意力更多地放在直接方法上，例如向议会提呈证据或实践指南。

我们将要列举的例子只是一部分。科学用于政策的途径是多样的，而且很多时候是间接的、难以捉摸的。基于科学依据的政策可以涉及国际、国家以及地方各个层级，可以对各行各业产生影响，影响范围上至跨国企业，下至个人。在此，我们只是提出一些普遍性的建议，并选取了一些国家政策的例子，帮助大家思考决策者们（在制定政策时）如何了解和看待科学以及如何运用科学，由此，你可以了解怎样做才能对决策产生更为广泛的影响。

现代社会中，科学证据有力地影响了政策方向的绝佳例子之一是关于烟草工业的管理，另一个则涉及减慢（或者缓和）气候变化与可持续发展两者间的矛盾。

20世纪初期，人们并没有广泛地意识到吸烟有害健康，事实上一些医生还错误地称赞了其好处。那时，烟草行业本身也没有像今天这样受到约束。以英国为例，政策原本已经对烟草行业进行了约束，如广告限制、不得在公共场所内吸烟、提高税率、开展公共健康宣传运动等。然而，这些做法的推行却一直未有明显效果。广泛调查发现其影响因素包括：与个人自由间的冲突、财团的影响、经济影响（正负两个方面都有），以及那时人们并没有认识到其对公共健康产生的消极影响。随着时间的推移和健康影响证据的积累，健康专家的意见逐步统一，才有了如今的政策氛围。现在，烟草对人体的危害众人皆知，而那些依然坚持吸烟的人则因为高额的税收、烟草广告的消失，以及随处可见的公共健康信息和劝诫而受到直接或间接的阻拦。如果用西方世界吸烟人口的比例变化来衡量的话，这个政策是成功的。然而，这正是由于科学家们齐心协力向决策者们提供了明确的证据，证明存在巨大的公众健康影响的结果。基于科学家们提供的这些信息，决策者们面对财团的压力，对健康、经济以及个人自由等方面进行综合平衡，最终制定出了最好的政策。

就气候变化政策而言，关于减缓和降低气候变化影响的国际与国内政策至今尚在争论中，远未达成一致。虽然气象学家们形成了高度一致的认识，认为人类活动导致的气候变化是确实的而且正在发生的。但是有相当数量的决策者以及为数不多的科学家声称根本没有气候变化这回事，或者说任何气候变化都与人类的活动无关，另有人说继续坚持应对气候变化的政策是不合理的，会给某些行业以至国家的经济带来负面影响。幸运的是，决策者和政府间最终达成了一致，即有必要采取措施应对这个实际存在的问题。正是如此，国家、国际组织及联合国组织，比如联合国"政府间气候变化专门委员会"（International Panel of Climate Change, IPCC）认真更新了资料库，并为决策者们提供了便于理解和实用的具有预测能力的框架。此外，决策者们制定了"联合国气候变化框架公约"（United Nations Framework Convention on Climate Change, UNFCCC）。这个公约有利于在国际范围内以法律约束的形式来应对气候变化问题——它最突出的一点就是通过协商来确定国家要达到的温室气体排放指标。这就要求决策者们对于减缓和降低实际存在的危害和减少造成危害的因素做出详尽的共同决定，并且制定出最符合减排目标的国内政策。

为达到这一目的，需要庞大且有效的科学机构，这个是通过像IPCC这样的专家组来完成的。专家组收集整理全球已有的最好证据，明确发布全球标准。他们采用自下而上的办法仔细挑选专家，在经同行评审的文献中寻找证据，并对证据进行综述和总结，然后以一种可获取的形式公布，这就使得各种声音都能被听见。另外，专家组还定期发布报告，对于那些尚不明了的科学问题给予高度关注，然后设定一个远期日程，以便专家做出回应；他们还寻求进一步进行研究的资金，以期让这些问题有更好的结论。显然这样一个全球性的挑战需要全球性的响应和全球科学家的参与。然而事实上，需要根据手头最好的证据做出政策决定。如果没有像IPCC这样的专家组，决策者会被淹没在各种研究论文和学术报告的海洋里，而这些科学文献在气候影响问题上都有个人偏好的观点和个人的研究兴趣。另外，来自游说集团的反驳声和他们制定的计划日程，以及一些标新立异的科学家的过度热情，都会让决策者无所适从。但是仍然有一些方法，能够对地球系统科学这个复杂的领域以及它在人口增长的前提下如何影响人类的发展进程等方面做出全面的预测和理解。在一个不断变化的环境下（包括自然、政治和经济的变化），证据基础需要不断更新。然而在这个领域中，制定政策的方法早已存在并且组织得很好。没有哪一个决策者敢大胆地说政策制定过程中可以没有科学或者科学家的参与。

对于其他一些科学领域，组织科学决策的途径就不那么正规了，这些学科的科学家需要主动拿出证据和成果，提前引起决策者的注意。在下面的内容中，我们将探索这样做的方法。

8.3 我们能够做些什么来影响政策

本小节列举了几个例子来说明你怎样做才能影响政策。在实践中有很多做法，比如有些机构或个人因为听说过你在某个特定领域的工作而知道你，因此他们可能邀请你以专家身份，针对政府授权的报告进行评审并提出建议，而这些报告的撰稿人可能是公务员，也可能是学术机构和智囊团。你也可能被邀请参加投标，由你来撰写报告。为了提高你在这个领域的知名度，一方面你需要让人们知道你的学术履历，同时还要通过科学顾问机构（例如那些存在于国家科学基金委员会的机构）来寻找人脉。参与此类咨询活动的邀请，往往以专家群体中传递的口头邀请为主，或者由其他学者推荐你的学术履历和专业技能，并因此邀请你提供帮助与建议。

当你在相关领域有所建树之后，这种"自上而下"的邀请会进入你的学术生涯。鉴于此，你可以通过更积极主动的途径提供信息，同时在职业生涯早期注重提高你在政策界的知名度。例如，英国议会的机构里建立了很多特别委员会，由议员主持，其任务是在立法之前，收集涉及国家重要利益政策的辩论证据，并检查法规实施后的影响。这些特别委员会定期公开收集资料，任何人都可以向其提供内容。大多数民主政府（地方和国家一级）都以类似的方式工作——首先咨询公众和专家的意见，以便获得指导，为辩论和决策提供依据。我会在下面的练习中探讨一个有关这方面咨询的实际案例。

练习：寻找向决策者提供证据的机会

这个练习将帮助你探索向决策者提供专家建议的那种"自下而上"（前瞻性）的途径。

浏览与你有关的国家议会特别委员会的网页，找到公开征集证据的通知，相关资料[1]中提供了英国议会公开征集证据的清单。

挑选出一个公开征集证据的通知（或者是以前的），根据其指南来准备证据。这个公开征集是否与你的研究领域有关并不重要，也许它可以帮助你查找以前与你的专业有关的征集通知。

看一下以前的委员会报告，了解证据是如何形成的、报告是如何论述的以及有关结论的讨论。想一想你的技能与知识怎样才能支持你的论述？你将怎样以最好的表达告诉决策者？

如果你要向类似这样的委员会呈交报告，重要的一点是：它的书写形式与学术文章的撰写方法一致，其结构需要包括前言（类似摘要），文章主体（在所讨论的政策的框架下引用相关的内容），最后是结论。要避免使用专业术语。呈交的证据需要根据你的学识进行推断，并形成有关政策咨询的意见或者结论。像撰写科学论文一样，最重要的是，你所阐述的个人意见必须清晰，而且形成的意见有证据基础。

然后，议会的委员会将在他们的报告或辩论中引用你提供的证据，甚至邀请你来委员会面谈，这可能会让人感到畏惧。然而想想你会改变辩论和政策制定的进程从而产生正面影响，你就不再会畏缩不前了。关于产生影响的过程已经在第3章讨论过了。在政策中运用你提供的科学资料，并且利用政策检索渠道进行查询，这些对于你的工作以及今后获取科研经费能力的提高都是极其重要的。它表明，你懂得如何把科学转化为对公众和政治辩论的影响并带来变化。

另外还有一个简单的方法能使你把证据直接提供给决策者，那就是在国会图书馆注册你的专业。国会图书馆是专为议员（国会成员、立法机构成员等）服务的，图书馆的管理员提供的服务远远超过单纯的借、还书。他们更像是政府机构的公务员。国会图书馆的管理员为那些代表就一些具体的问题提供信息服务，以便他们对由议会、公众和游说团体提出的问题进行回复。议会图书馆的管理员常常会就专题辩论主题为议员整理出研究简报[2]。为了做到这些，图书馆研究人员将参考已经出版的文献，包括经同行评审的学术杂志，以及内部专家数据库，来寻找可能提供建议的专家。你可以跟议会图书馆联系，在数据库登记你的知识技能，这样，议员就可能邀请你参与对某些信息的回复或者提供建议，甚至以后你就可以与他们建立直接的联系了。

议会办公室还为决策者、议员和政府公务员提供各类其他的服务。例如，英国议会和科学委员会出版一个面向所有成员的季刊[3]。你也可以订阅这个杂志。像很多类似的国际刊物一样，这个杂志也公开征集来自学术界的文章。你可以向编辑建议一个文章的选题，并解释为什么它与决策者有关，而且正是他们所关注的，你可能因此被邀请写一篇文章在杂志上发表。做这类的事不见得能获得什么报酬，从学术角度讲，这只是一种兴趣所在。然而，在2013年我成功地发表了一篇文章[4]，文章一经刊发立刻就接到了他们的邀请——有一个议员读了我的文章，请我审阅一篇颇有影响的政府报告，报告内容涉及高压水砂破裂法对英国温室气体排放目标所产生的影响。这是一个非常棒的方法，你会作为一个新入册的学者，在政策的圈子里为人知晓。

8.4 小 结

本章提供了一些案例，介绍了科学证据为决策者所用的途径，以及一些实际做法，说明作为一位科学家在这个过程中应该主动做些什么。

那些负责决策及制定政策的人，几乎无一例外地愿意听取专家的意见，渴望有证据帮助他们做出符合实际的判断来惠及所有的人。没有人愿意做出一个糟糕的决定。然而，除了全球性的"大挑战"，或者国家最重要的事情和涉及公众利益的大事，将科学融入政策的通常做法是自下而上的，依赖于个人的活跃程度以及已有专家网络的扩大。参与证据征集工作、与现有网络中的成员进行对话，同时丰富你的专业履历、发展专业研究，这些都有助于你提高自己的知名度。密切关注各种机会，注册并订阅邮件通知及政策刊物，你的参与最终会让一切变得不同。

后续学习

本章的后续学习内容，旨在帮助你进一步思考如何提高你的科学政策技能：

1. 自阅读政策报告：在网站上访问 UK Parliament's Recent Select Committee Publications[5]，选一篇主题与你研究领域有关的最新报告进行阅读。你会发现这些文章对主题内容和它的政策含义都做了非常出色的总结，它们会给你很好的启发，即针对此类报告，应该呈交哪一类证据才合适。

2. 参与图书馆的活动：订阅英国议会图书馆的邮件通知，参与它的研究服务[2]。即使你不在英国，这些邮件通知会让你随时了解议会辩论和报告，以及你希望特别关注的任何领域的证据征集活动。

3. 阅读 POSTnote：议会科学技术办公室（The Parliamentary Office of Science and Technology, POST）[6] 提供涉及各个学科的全面易读的研究综述为议员们使用。他们提供的这些是对不同主题的非常好的总结，很值得一读。它既可以丰富你的知识，也会让你找到下一步征集证据的领域。

阅读建议

The Science of Science Policy: A Handbook[7] 这本书从理论、经验、和政策实施三个角度，对科学政策的现状做了最新的概述。作者针对更广泛的社会科学、行为科学和这些领域所涉及的政策团体发表了个人观点。文章还对一些重要问题对科学政策的科学所产生的要求，表达了独到的认识与见解。

Using Science as Evidence in Public Policy[8] 这本书鼓励科学家们在决策中对科学证据的使用进行不同的思考。书中对为什么在政策制定中运用科学的重要性进行了调研，并在讨论中指出，广泛的关于知识的研究并不意味着在公共政策的制定中对科学知识更广泛的应用。这本书还能以线上报告[9]的方式免费从网上获取。这会引起科学家们很大的兴趣，他们会看到自己的研究被运用在决策上。除了进行高水平的研究，他们的研究结果还被转变成了更容易理解的形式，并通过中介机构，诸如智囊团、议员游说者以及倡导者们的宣传，对政策制定有所指导。

The UN Climate Change Newsroom[10] 提供联合国授权的科学报告，以及专家委员会名单。阅读这些报告，你会明白报告是怎么撰写的，并帮助你了解将专家的知识写入与政策有关文件的途径。

最后，*Merchants of Doubt*[11] 是一本有趣的带有警世性的读物，讲述了科学的缺乏会在政策辩论中产生消极的影响，阻碍政策的实施。书中深入探讨了烟草和气候变化等我们在8.2节中举出的例子。

参考文献

[1] Open call for evidence [R/OL]. UK Partiament, 2016. http://www.parliament.uk/business/committees/inquiries-a-z/current-open-calls-for-evidence/.

[2] UK Commons Library, 2016. http://www.parliament.uk/commons-library.

[3] http://www.scienceinparliament.org.uk/.

[4] http://www.scienceinparliament.org.uk/wp-content/uploads/2013/12/sip70-1.pdf pp 41-5.

[5] Recent publications [R/OL]. UK Select Committee, 2016. http://www.parliament.uk/business/publications/committees/recent-reports/.

[6] POSTnotes, 2016. http://www.parliament.uk/postnotes, 2016.

[7] Fealing K H, Lane J I, MarBuger Ⅲ J H(ed). The science of science policy: A handbook [M]. Palo Alto: Stanford University Press. 2011.

[8] Prewitt K, Schwandt T A, Straf M L (ed). Using science as evidence in public

policy[M]. Washington DC: National Academies Press, 2012.

[9] Using science as evidence in public policy[R/OL]. AMS, 2016. http://www.ametsoc. org/ams/assets/File/NRC%20-%202012%20-%20Using%20Science%20as%20 Evidence%20in%20Public%20Policy.pdf.

[10] The UN Climate Change Newsroom, 2016. http://newsroom.unfccc.int/.

[11] Conway E M, Oreskes N. Merchants of doubt[M]. New York: Bloomsbury, 2012.

第9章

其他基本研究技巧

你没有责任活成别人期望的样子。

——理查德·费曼（Richard Feynman）

9.1 引　言

科学研究不仅仅是简单地进行实验、撰写基金以及把研究结果传达给不同的受众。要成为一位成功的科学家，你需要具备平衡许多不同任务的能力，同时培养业内和业外的技能和专长。本章将概述其中一些技能，并讨论为什么在科学事业中认真对待这些技能是很重要的。

同样很重要的是，你必须脚踏实地考虑现实因素。英国皇家学会（Royal Society）[1]的一份报告显示，大多数攻读博士学位的人最终没有进入学术界。因此，锻炼一些关键技能，对于你找到一份工作并且在工作中脱颖而出至关重要。作为一位科学家意味着你拥有许多技能，它们成就了你的价值，你也可以把它们拓展到其他领域，但重要的是你应该有效地展示这些技能，并抓住每一个机会进一步提高这些技能。这里必须强调一点，从事学术之外的职业并不意味着你"失败"或"背弃了科学"。实际上，许多非学术职业仍然与科学有关，而且那些职业可能获得更高的薪资或者工作时间更合理。

另外，很有必要跟踪记录你参与的所有活动和培训项目，因为这些在你撰写简历或总结、回顾个人发展时都可以作为很好的素材。Vitae网站上[2]有非常好的在线规划工具[3]，用于记录你的职业发展和专业上的进步。你所供职的机构很可能购买了这个软件的使用许可。如果没有，你也

141

只需支付少量年费。这些年费是很值得支付的，因为这个软件不仅可以跟踪你的成就，还可以制定一个行动计划，告诉你哪些地方需要进一步提高。

作为科学家，我们的责任不仅在于有效地将研究结果传达给各种受众，而且还要确保我们开展研究和普及研究的方式符合道德标准和合理的科学价值观。我们是众多从业者中的一员，因此我们有义务尊重前辈留给我们的遗产，并为未来的科研工作者铺平道路。重要的是，我们不能忽视这样的事实——我们是少数幸运儿，为了充分利用自己所获得的机会，我们必须让自己的工作造福社会大多数人。

9.2 时间管理

许多科研人员有"拖延症"，你可能阻挡不了社交媒体的诱惑，也可能花费了太多时间去追求一个没有长远利益的项目。但是，你还是可以执行许多基本操作来有效地利用时间。

（1）**清楚何时是你的最佳工作时段**：可能最实用的方法是确定你一天中最有效的工作时间，并尽量在此期间完成大部分的重要工作。例如，如果你知道自己每天刚上班时工作效率最高，那么就不要在这个时候去收电子邮件，先努力完成即将截稿的论文！

（2）**清楚你的最佳工作场所**：你需要考虑的另一个重要方面是选择正确的环境来实施你的工作。例如，在繁忙的办公室，你也许更可能就一项新的科学研究提出不同想法；但如果你想阅读一些论文，那么去一个更安静的房间可能会更好，例如在家里或在图书馆。

（3）**避免会议**：避免不必要的会议是有效管理时间的一个可靠方法。确保你组织的任何会议都是绝对必要的，一旦发现自己陷入了文山会海，请事先了解会议议程，尽量完成当前讨论的内容。这样，你就可以有效地应对会议的压力。

（4）**学会拒绝**：有时我们都会对太多人说"没问题"。但是要记住，如果你承担太多的事情，那你很可能一件也做不好。你完全可以对别人说

"不"，有时你需要多考虑一下你自己，了解自己的价值，问一下自己有的事情是否真的值得去做。如果你确定要拒绝，那么请确保对方明白，他将来还可以找你帮忙（当然，这只是说你确信这是你愿意做的事情）。

（5）**管理你的日历**：在日历中添加日常任务和截止日期，必要时还应该加上后续跟踪和评估日期。从日历中删除已完成的任务，给自己一个满足感。

还有一个十分有用的时间管理方法被简称为STING，如图9-1所示。

当你打算开始一个重要的项目时，这个STING口诀非常有用。首先选择一个合适的任务，然后计划一下你完成任务所需的时间。例如，"在

Select a task　选择任务

Time yourself　规划时间

Ignore everything else　拒绝干扰

No breaks　不达不休

Give yourself a reward　自我奖励

图9-1　时间管理口诀

143

接下来的2小时内，我要为论文引言部分撰写500个字"。在你执行此任务时，除非有特别重要的事情，请不要让其他事情打断（如有必要，请关闭手机并停用电子邮件）。一旦完成，给自己一个奖励。奖励可以是你喜欢的任何东西，比如一块蛋糕，比如查看电子邮件。应用这个方法最重要的方面是选择任务，确保你选择的任务饱满，但是最终又可以在合理的时间内完成。

最后一项时间管理技巧是重要性-紧急度矩阵（见图9-2）。如果你有许多任务有待完成，那么花几分钟时间绘制它们在这个矩阵上的位置，这有助于你确定处理它们的顺序：Q1中的任务是需要立即处理的，其次是Q2中的任务，而Q3中的任务可以委派给别人或推迟的，Q4的任务可能完全不需要做。

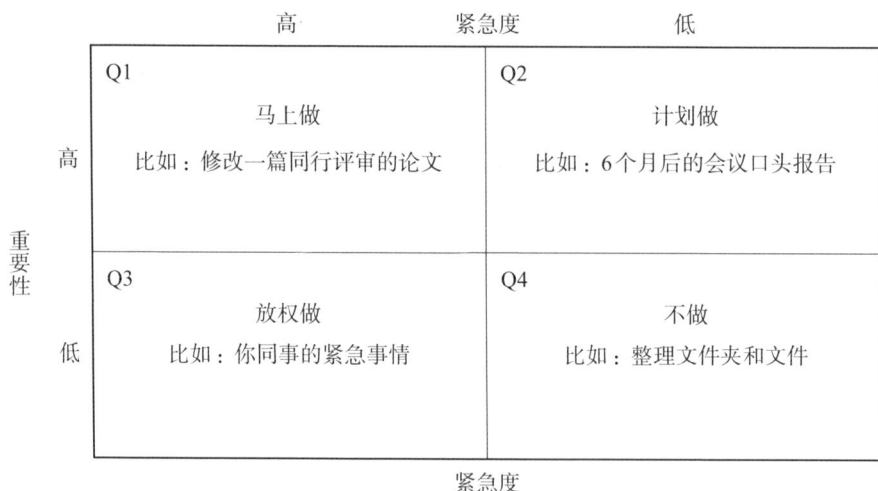

	高	紧急度	低
高 重要性	Q1 马上做 比如：修改一篇同行评审的论文		Q2 计划做 比如：6个月后的会议口头报告
低	Q3 放权做 比如：你同事的紧急事情		Q4 不做 比如：整理文件夹和文件

紧急度

图9-2　重要性-紧急度矩阵

9.3　建立人脉网络

在科学研究领域取得领先的最佳途径之一是建立有效的社交人脉网络。虽然这项技能对我们很多人来说都不容易，但它却是一个可以通过练习来磨炼的重要工具。其实我们有很多社交机会，比如会议茶歇这样非正式的场合，或者更正式的场合，像专门组织的晚餐会或专门的社交环节。在几乎所有这些情况下，需要克服的最大障碍是发起一个话题时的紧张感。所以这里我们介绍一些技巧，可以帮助你成为完美的社交专家。

（1）**不要害怕**：这看起来似乎大家都知道，不说也不要紧，但它的确是最重要的。许多初出茅庐的研究人员不知道如何与更资深的科研人员进行交流，因为他们觉得这些人遥不可及。请记住，这些杰出的科研人员仍然是普通人，他们也曾经身处你现在的位置！他们中的许多人享受与积极上进的年轻研究人员交谈的过程，但如果你不去尝试，那永远都不会知道。

（2）**做你自己**：你不需要担心结果。我们每个人都会有感到紧张的时候，尤其是当一个人处于不自然的时候会更加紧张。做你自己，你是自己领域的专家，你的知识也因此使你成为一个有趣的人。可能有人比你更有经验，但这并不意味着你的意见就没有价值。

（3）**不要独占谈话**：知名科学家通常会有大量的人等着与他们交谈。如果是这种情况，不妨先去和其他人交谈，然后再回来；别人谈话时在附近徘徊或驻足是极不礼貌的。同样，如果其他人开始在你谈话时在附近徘徊，要么邀他们加入谈话，要么结束这次谈话，总是可以找到其他人去交谈的。

（4）**尽量不要太直接**：社交环节是找工作的好机会，但是最好婉转一点。先把你的技能和专业知识展现出来，再貌似随意地提到你将要续签合同了。千万不要还没有好好介绍自己就直接问别人能否给你工作。

（5）**随身携带名片**：这样你可以在以后继续对话，与你交谈的人也可以将你的详细信息转发给其他同事。

你也可以请求他人帮忙介绍。例如，如果你要加入新的团队或工作组，或者想要与某人交谈，那么可以请你的同事甚至是你的导师介绍你认识这些人。这有助于消除社交中的一些紧张忧虑。

如果你想避免在大型社交环境中产生的不舒服感，也可以先在小范围或非正式社交活动中锻炼你的社交技能。也许可以先找到一些志同道合的人（例如爱猫的粒子物理学家），或者跟你要好的同事去参加活动，这些都可能有助于你开始学习社交。但是，如果你真的与一些朋友或同事一起去参加一个活动，那么请记住不要只与他们交谈，否则就有违参加活动的初衷了。

9.4 团 队 合 作

无论你是在大型国际机构工作，还是作为某个本地小型团队成员之一，研究人员的日常工作都会充满合作。所以很重要的一课是学习如何成为团队的一个有效成员，同时意识到你可以根据情况发挥多种不同的作用。

有许多不同的工具可用于确定你是哪种类型的团队成员，例如Belbin团队角色表（Belbin Team Inventory）[4] 将角色分成9种，包括实施者、评估者和协调者。当然Belbin团队角色表只是一个描述人格和性格特征的指标而已，在其假设中也明确指出大多数人会在多个角色间转换。

至于团队成员类型的分类，不管这些角色表之类的测试给出什么结果，最了解你的人还是你自己。可能你是那种喜欢组织，但是却不擅长提供创新点子的人；或者你可能是那种善于观察大局的人，但缺乏用既通俗易懂又富含信息量的方式描述这些想法的能力，而这些又是基金申请书所必需的。这就是为什么科学研究的团队中每个人要分工合作的道理。要是你觉得自己一个人就能独立完成所有事情就太过于异想天开了，而且基金评审小组认可独立作者的论文和独自申请的基金申请书的好日子早已不复存在。如今，国际化和协作是成为一名成功研究人员的关键，除了建立合作，你还要学会如何有效而周到地贡献你的力量。

团队合作中，最重要的事情是记住，每个人都是不一样的。说起来这似乎是一件显而易见的事情，但是团队合作中大多数的分歧都源于人们假设或者期望团队其他成员会表现得跟自己一样。每个人都是不同的，对你可行的事情可能不适合别人。因此，如果你是那种将所有事情都留到最后一分钟，但也总是能完成的人，不要忽略团队中的其他成员可能提前几周甚至几个月就开始准备了。类似地，如果你是那种提前几周完成所有工作的人，不要给那些赶着同样截止时间但完成速度不同的同事施加不必要的压力。与其他任何关系一样，团队合作就是要相互包容和相互尊重。请记住，你们正在努力实现一个大目标，如果你感到自己在整个过程中受了委屈，那就牺牲一点自我吧。如果你保持敬业、专注、礼貌，你会发现团队合作将更愉快，你也可能会有更多受邀合作的机会。

9.5　客观反思

作为科学家，我们所受的教育赋予我们对自己的实践进行反思的能力。例如，我们进行实验，然后根据这个过程的初步结果和相对的成功，来调整方法学的某些变量或某些部分。这是大多数科研人员经常做的事情，但是你每隔多久会花一些时间进行一次正式的反思呢？

反思是学习周期中一个非常有用的方面，它是知识形成和知识巩固的必要步骤。然而，与学习中的其他方面（比如知识记忆和进行实验）相比，反思是经常被忽视的事情。

图9-3是改进版的Gibb反思环路，这是一个非常有用的模型，可以帮助理解反思过程。

反思式学习的价值远远不止调整实验设置，或者为一组结果调整分析方法。反思不仅有助于规划你的研究，还有助于你评估自己的职业道路。例如，反思你未来3～5年的目标，以及你如何朝着具体的里程碑努力，将有助于你专注于需要实现的目标以及实现目标的途径。

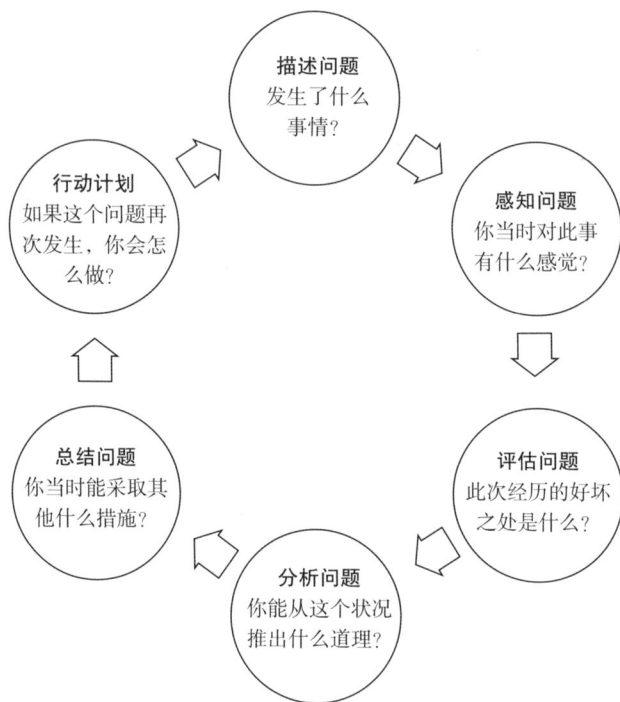

图 9-3　改进版 Gibb 反思环路 [5]

9.6　职　业　指　导

职业指导是一个人发现哪些地方需要改进，并从专家的专业知识中获益的绝佳方式。这里的专家是指已经精通各自领域的人。正如美国励志演说家 Robert Kiyosaki 所说的："如果你想去某个地方，最好找一个已经去过的人。"

许多研究机构和大学会特别给初出茅庐的研究人员和新员工提供正式的职业指导。虽然这可能是一个了解你所在研究机构的很好机会，但也可能指派给你的导师与你并没有太多的共同点。为了补偿这点可能带来的不足，或者对于那些没有正式导师的人，建议你建立自己独立的非正式的导师网络。

非正式的导师网络可能非常多样化，也不限于你所在的研究机构。但他们实际上应该是一群可以跟你不定期会面的人，你们可以在一起喝咖啡（或者喝酒）时交换知识。他们应该是你容易相处的人，互相尊重、互相理解，他们的职位也不一定比你更高。重要的是，他们在特定领域拥有一定程度的专业知识，而这刚好是你专业发展上欠缺的。

除了寻找合适的导师之外，找到你可以指导的人对你自身的发展也很重要。同样，这也可以以非正式的方式完成。为别人提供指导最终会使你自己得益，因为通过传授你的知识，你可以在自己的思维过程中巩固对知识的理解。除此之外，通过这个过程你完成了知识循环，并助力于将其反馈至你身处其中的科学系统。

9.7 职 业 规 划

正如本章引言中所提到的，大多数攻读博士学位的人最终并不从事学术工作。这个现象在未来几年似乎有愈演愈烈的趋势，因为政府资金有限，而研究生却越来越多。在这一点上有两件事需要注意：① 从事非学术工作并不等于失败；② 你需要有一个非常明确的计划，确切地知道你想做什么。

如果你喜欢从事科学研究，那么学术界之外也有很多其他职业可供选择。你可以去大型研究机构或政府机构工作，例如环境署[6]或气象局[7]。或者，你可以为仪器商或仪器制造公司工作。许多这样的工作允许你进行科学研究，并为你提供发表论文和参加会议的机会，同时这些工作还通常会给你全职工作合同和安全感，而这正是学术界内非教职的专职研究人员所缺乏的。

如果你认为你肯定不合适做研究，你也仍有很多选择。但是，你需要仔细考虑如何将你的独特技能介绍给不同的受众，以及如何利用你的经历来获得就业机会，然后在你的新职业生涯中脱颖而出。例如，撰写论文表明你具有出色的书面沟通和时间管理技能，分析数据和设计实验意味着你具有解决问题的能力，在会议上展示你的研究说明你有出色的口头沟通技巧，指导本科生则表现出你的团队合作和领导能力，等等。

除了研究之外，还有许多工作也可以得益于你独特的技能，The Versatile PhD[8]提供了一系列科研以外的职业和进入这些职业的途径。如果你觉得自己有能力将你的研究成果传达给不同的受众，那么你应该考虑去从事教学。合格的理科老师目前奇货可居，特别是物理、数学、化学以及计算机老师。在英国，教育部[9]为教师培训提供了大量资金和财政支持以及可观的所得税减免，以促成协议。

如果你决定留在学术界，那么你需要悟性。博士生人数逐年增加，其增长率高于政府在研究方面支出的增长率，竞争变得更加激烈。因此，许多优秀的研究人员不得不签订固定期限（短期）合同，这些合同提供的工作安全感低于传统的学术界教职员工的永久职位。因此，你需要拥有出色的简历和扎实的专业知识，以此确保自己脱颖而出。你也需要现实一些，因为在今天，获得永久职位可能比以往更为困难。要对所有可能性持开放态度，还可能需要出国积累经验。永远不要放弃任何社交或知识交流的机会，因为你不知道它们可能会带来什么。最重要的是，要相信自己的能力。如果你坚信这是你想要追求的事业，并且你可以为这个领域做出真正的贡献，那么合适的机会总会出现。你需要耐心等待机会，当机会到来时你要确保牢牢把握，因为合适的机会可能只有一次。

练习：制定一个五年计划

制定五年计划将有助你锁定你的职业目标，并且对你凝炼研究兴趣、提出基金申请和发表研究论文等方面也会有所裨益。现在花时间计划未来五年的研究将有助于你确保最大限度地利用你的机会，制定五年计划应该能突出你需要集中精力研究的领域，强调你进一步发展所需的技能，明确你不应该在哪些方面浪费有限的时间。

在写完五年计划之后，请一位资深的同事审阅一下你的初步想法，看看是否切合实际。经过一轮修改，开始将你的计划分解为具有阶段性的和可实现的任务，然后将其作为工作指南和励志工具，帮助你将工作重点放在实现目标上。

9.8　开放科学

"科学2.0"（Science 2.0）这个词有许多不同的定义和解释，但它基本上被认为是一种利用协作和开放方法进行科学研究的模式。这些协作、开放的方法依赖于Web 2.0技术提供的有利条件和实用性（Web 2.0指基于用户生成的内容并促进链接的万维网）。

欧洲委员会（European Commission）[10]在2015年对Science 2.0的使用进行了调查和咨询后发现，许多科研人员倾向于使用"开放科学"。开放科学可以被认为是一个概括性术语（见图9-4），其中包括许多内容，包括（但不限于）：开放获取期刊（OA）、开放数据、开放研究和全民科学。这些开放途径的共同之处在于，它们致力于让尽可能多的受众更容易接触科学和理解科学。毫无疑问，其中OA提供的便利赢得了最为广泛的关注。

获取知识是一项基本人权。然而遗憾的是，作为科研人员，我们通常在另一种设定的框架下工作，因而常常忽略这些基本方面。如果你在学术

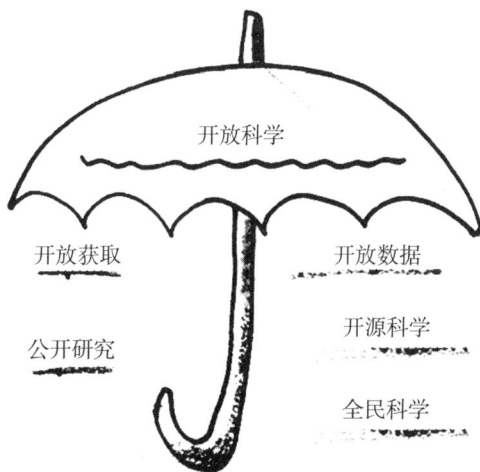

图9-4：开放科学之伞
（由Open Science CC BY 2.0提供）

生涯刚开始的时候阅读文章，你可能会很惊讶，原来阅读在线研究文章需要花费很多钱。即使这些费用不是由你个人支付的，那你所在的研究机构或图书馆也花费了数万英镑/欧元/美元，而这些钱原本可以用在做研究、买资源、提供工作机会或建设基础设施上。例如2009年，美国克莱姆森大学（Clemson University, 一所拥有不到17 000名学生的学校）就向出版业巨头Elsevier交付了130万美元之多的期刊订阅费[11]。

在过去的30年里，期刊价格已经超过通胀幅度的2.5倍多，以前并不是这样。过去，期刊的存在有两个作用：首先与个人出版书籍这种昂贵的方式相比，科研人员在期刊出版其作品是一种经济实惠的选择，其次期刊是一般公众和科学界了解科学进步的渠道。可悲的是，最近很多期刊似乎在两个方面都失去了作用，因此我们需要通过OA再次实现这两个作用。

现代OA运动的开始可以追溯到1971年7月4日，当时Michael Hart推出Gutenberg计划[12]，这是一项免费将文化作品进行数字化和存档的公益活动。然而，直到1989年（并且随着互联网的出现）才推出了第一批免费的、没有纸质出版物的数字期刊，其中包括Stevan Harnad的*Psycoloquy*[13]和Charles W Bailey Jr的*The Public-Access Computer Systems Review*[14]。

从那时起，OA运动迅速发展。需要注意的是，尽管阅读文章对所有人免费，但发表文章本身是收费的。尽管不需要印刷和邮寄费用，仍然需要考虑大量的基础设施和人员配置费用，因此如果读者不需要付费，那就要想其他方法。

第一个方法是OA的黄金法则，就是让文章的作者为所有人免费获取科研成果的权利买单。很多期刊已经要求在出版之前支付文章处理费（article processing charge, APC）。有些期刊则根据作者向公众开放文章的意愿来收取额外费用。

另一个常用方法是OA绿色通道，即作者将他们的文章放在中央存储库中，然后供所有人使用。最初发表文章的期刊通常会强制实施几个月或几年的禁制期，只有过了这个期限，发表的文章才可以放入这些库。不过作者可以通过上传"已被接受发表"的稿件来规避这个禁制规定。

这两种OA方法各有优缺点。通常来说，规则由研究机构和/或资助机构设定，而研究人员则可以做相应的选择。例如，英国研究理事会

（Research Councils UK, RCUK）制定了一项政策，既支持OA的黄金路线，又支持OA的绿色通道，但倾向于文章可以立即获取并具有最大的共享机会。OA运动的另一个关键目标是，已发表的研究结果可以在未来的研究中免费重复利用。这一点看上去相当微不足道，但目前对于发表在非公开访问期刊上的任何文章，如果要在未来的任何研究中使用其结果，则都需要出版商明确许可。

关于OA，仍然需要克服的主要障碍是决定谁为免费访问权买单。目前，许多政府都有集中管理的经费，并可以分配给不同的研究机构。然而，对于较为贫穷的国家、研究机构、研究学科和独立研究人员来说，这会对他们造成限制，出现一些问题。另外，如何分配、为什么如此分配也有很大争议。出于这些原因，许多人正在推动"OA 2.0"，实现免费阅读、免费下载和免费发表。但是，这种方法需要对几乎所有出版公司的传统运作方式进行重大改变。

令人遗憾的是，许多传统期刊目前的运行方式就像大型商业公司，只是作为赚钱的机器，心安理得地收取大笔费用，因为科学家们仍然迫切希望在具有"高影响因子"的刊物上发表文章（见第2章）。但是，如果足够多的科研人员站起来抵制这些限制性的期刊，并转向那些有OA政策的期刊，那么OA杂志的影响因子将很快提高（事实上，已经有证据[15]表明在OA期刊上发表将会为你的研究成果带来更多引用）。只有这样，知识作为所有人都可以享有的基本人权，才能得以恢复，而不是让知识作为一种昂贵的奢侈品，只是面向少数特权阶层。

9.9 学 术 诚 信

诚信是科学家开展事业的道德基石。科学欧洲（Science Europe）2015年的报告[16]完美地总结了这一点：

"研究中的诚信是研究活动及其卓越品质的内在要素。它是研究活动本身的核心。它是研究人员相互信任、相信研究记录的基础。同样重要的是，它是社会对研究证据和专业知识产生信任的基础。研究不端行为不是无人受害的犯罪行为，而是会损害声誉、事业、患者和公众的行为。这也是对研究上的公共投资的浪费，而且修复成本很高。"

坦率地说，没有诚信就没有科学可言。即使有同行评审系统、科研委员会和学术审查，我们的大部分学科赖以生存的基础依然是以公平和诚实的方式进行科研。伪造完美结果的诱惑可能很大，但这不但损害你自己的声誉，而且还可能损害你从业的整个领域的声誉，弊远大于利。可悲的是，还是有少数科研人员愿意冒险，我们必须警惕他们的做法，同时确保在实践中我们自己绝对无可非议。

作为科研人员，我们不仅需要杜绝伪造结果，还必须确保以合乎道德的方式开展研究，尊重他人的需要和权利。你所进行的任何研究都应符合你所在研究机构制定的道德准则，特别要注意是否可能涉及侵犯隐私。不但医学科研人员和人类学家需要遵守这些伦理程序，而且对于每个科研人员来说，当自己的研究可能对他人的生活产生直接影响时，都必须非常认真对待，例如将无人机飞到建筑物附近时，或者利用卫星图像记录私有土地的地质情况时，等等。

除了尊重和捍卫普通大众的权利外，作为科学家，我们也必须尊重同行。虽然多个科研团队研究相似的问题是进行研究的健康方式，但还是要认识到剽窃造成的严重影响。鉴于数字时代带来的科学全球化，剽窃变得越来越容易实施。获取对方许可和认可对方贡献是建立科研沃土和公平竞争环境的基本要素。如果你不确定是否超越了底线，不妨和你的工作所涉及的科学家联系一下，或者考虑一下如果你自己的工作以同样的匿名方式被滥用，你将会感觉如何。作为科学家，我们应该相互尊重，确保每个人获得的回报与他们合法取得的成果是相称的。

9.10 小 结

本章讨论了成为一位有成效和负责任的科学家所需的一些额外技能。这里提供了一些实用的建议和练习，以便帮助你更加积极主动地建立独特的技能组合。无论你决定留在学术界还是从事其他职业，这些技能组合都将成为宝贵的资产。无论你的职业选择是什么，重要的是你提前做好计划。提前计划可以确定你的专业知识中需要加强的方面或完全缺失的部分。在确定这些需要提升的方面之后，你应该积极寻找改善的方法，比如培训机会、职业发展活动或正式/非正式的指导活动。至关重要的是，无论你的经理或主管多么体贴和乐于帮助，唯一最后对你的职业生涯负责的人是你自己。确保提前计划，采取所有必要步骤，并建立人脉关系以帮助你最大限度地发挥你的潜力。

作为科研人员，要记住我们不仅是研究机构和研究领域的代表，还是一般意义上科学的代表。在进行研究时，我们要以正直的方式处理所有情况，并考虑自身工作所涉及的更广泛的伦理含义。思考如何让更多的人能够接触到你的工作，这不仅会提高你的沟通效率，还可以提高作为真正的科学公民的地位。

后续学习

本章的后续学习旨在帮助你进一步思考如何发展你的基本研究技能：

1. 寻找导师：从你的五年计划中确定你需要帮助的专业领域，无论是技术、技能还是你在撰写基金申请或发表文章等方面所需要的帮助。找到相处融洽的同事，并问他们是否可以在这方面为你提供一些建议。请他们去喝杯咖啡并讨论手头的事情，然后逐渐开始询问他们关于你在该领域发展专业技能的意见。

2. 参加课程：你所在的大学或研究机构几乎肯定会通过其人力资源部门提供大量继续发展（continuing professional development, CPD）的机会。基于你的五年计划，确定你需要培训的领域，并注册相应的课程。在可能的情况下，最好选择提供外部认证的培训机会，因为当你跳槽时，这些认证对你最有用。

3. 积累经验：如果你已经确定学术研究的职业不适合你，那么选定替代职业，并努力寻找机会积累其所需的经验。例如，如果你想从事教学工作,那么可以去当地一所学校做志愿者;或者如果你考虑去企业工作,那么就考虑与一家合适的公司建立联系以进行一些知识交流。做到这些除了让你的简历上看起来更好看,还将帮助你确定这个职业对你是否合适。

4. 调研 OA:了解一下你的研究小组和你的研究机构采用的 OA 方法。如果能找到一个 OA 小组,那么询问一下你是否可以加入并参加他们的一些活动。如果没有,那么你应该考虑自己建立一个 OA 小组。如果不能保证我们的科学活动能够尽可能容易地惠及更多的人,那么我们不仅损害了社会上其他人的利益,还必须对自己研究领域增长和发展的停滞负有部分责任。

阅读建议

有许多基于网络的平台为科学家和科研人员提供有用的职业规划工具,Vitae Researcher Careers[17]网站提供了大量资源,无论你想要追求学术生涯或在其他领域发挥你的技能,这些资源都很有用。Institute of Physics 也有一些非常宝贵的资源,包括科研新人中心[18]。

如果你想了解更多有关开放科学的信息,那么 Leonelli 等[19]和 Tennant 等[20]提供了很好的介绍,包括对研究文化所需变化的讨论,而 Masum 等[21]提出了10个有效地培育开放科学的简单规则。

参考文献

[1] Taylor M, Martin B, Wilsdon J. The scientific century: Securing our future prosperity [M]. London: Royal Society, 2010.

[2] Vitae, 2016. https://www.vitae.ac.uk/.

[3] Vitae RDF Planner, 2016. https://rdfplanner.vitae.ac.uk/.

［4］Belbin Team Inventory, 2016. https://www.belbin.com/.

［5］Gibbs G. Learning by doing: A guide to teaching and learning methods［M］. Oxford: Further Education Unit, Oxford Polytechnic, 1988.

［6］UK Environment Agency, 2016. https://www.gov.uk/government/organisations/ environment-agency, 2016.

［7］UK Met Office, 2016. https://www.metoffice.gov.uk/.

［8］Alternative (non-academic) Careers, 2016. https://versatilephd.com/phd-career-finder/.

［9］UK Teaching Bursaries, 2016. https://getintoteaching.education.gov.uk/bursaries-and-funding.

［10］European Commission 2015 Validation of the results of the public consultation on Science 2.0: Science in transition, 2016. https://scienceintransition.files.wordpress. com/2014/10/science_2_0_final_report.pdf.

［11］Elsevier Journals, 2016. https://gowers.wordpress.com/2014/04/24/elsevier-journals-some-facts/, 2016.

［12］Project Gutenberg［EB/OL］. https://www.gutenberg.org/.

［13］Harnad S. Psycoloquy［M/OL］. https://www.cogsci.ecs.soton.ac.uk/cgi/psyc/newpsy.

［14］Bailey Jr C W The public-access computer systems review［J/OL］. The University Libraries, University of Houston, 2016. https://journals.tdl.org/pacsr/index.php/pacsr.

［15］Eysenbach G. Citation advantage of open access articles［J］. PLoS Biol, 4(5): e157.

［16］Seven reasons to care about integrity in research［R/OL］. Scicence Europe. https:// www.scienceeurope.org/uploads/PublicDocumentsAndSpeeches/WGs_docs/20150617_ Seven%20Reasons_web2_Final.pdf.

［17］Vitae Researcher Careers: https://www.vitae.ac.uk/researcher-careers, 2016.

［18］Early career researchers + career changers［J/OL］. Institute of Physics, 2016. www. iop.org/careers/researcher—career-change/page_64175.html.

［19］Leonelli S, Spichtinger D, Prainsack B. Sticks and carrots: Encouraging open science at its source［J］. Geo: Geogr. Environ, 2015, 2(1): 12-6.

［20］Tennant J P, Waldner F, Jacques D C, et al. The academic, economic and societal impacts of open access: An evidence-based review［J］. F1000 Research, 2016, 5: 632.

［21］Masum H, Rao A, Good BM, et al. Ten simple rules for cultivating open science and collaborative R&D［J］. PLoS Comput Biol. 2013; 9(9): e1003244.